高等职业教育机电类专业“十二五”规划教材

数控机床加工实训
（第 2 版）

李桂云　主　编
朱红建　迟　涛　梁国勇　刘志琴　副主编
肖卫宁　王宝成　权德香　李　焱　参　编
孔维军　主　审

中国铁道出版社有限公司
CHINA RAILWAY PUBLISHING HOUSE CO., LTD.

内 容 简 介

本书是根据教育部等国家部委组织实施的“职业院校制造业和现代服务业技能型紧缺人才培养培训工程”中有关数控技术应用专业领域技能型紧缺人才培养指导方案的精神，按照高等职业技术教育技能应用型人才的培养目标和基本要求编写的。

本书包括数控车削加工和数控加工中心铣削加工两个项目，共有13个任务。本书在编写的过程中特别注重教材的实用性，每一个任务对应一类零件加工工艺、一组编程指令和相应机床操作，通过对任务的学习与实践，既可以巩固加工工艺、编程指令的学习效果，又可以掌握数控机床加工的基本操作技能，并能逐步提高操作技巧。书中还附有数控车床、数控铣削/加工中心中级工模拟考场。全书以FANUC-Oi数控系统为例，采用任务驱动模式编写。

本书适合作为高等职业院校数控技术、机械制造与自动化、模具设计与制造、机电一体化技术等专业的教材，也可作为相关岗位培训的参考书。

图书在版编目（CIP）数据

数控机床加工实训/李桂云主编．—2版．—北京：中国铁道出版社，2016.1（2020.8重印）
高等职业教育机电类专业“十二五”规划教材
ISBN 978-7-113-20969-8

Ⅰ．①数… Ⅱ．①李… Ⅲ．①数控机床－加工－高等职业教育－教材 Ⅳ．①TG659

中国版本图书馆CIP数据核字(2015)第264919号

书　　名：数控机床加工实训（第2版）
作　　者：李桂云

策　　划：何红艳　　　　　　读者热线：（010）83552550
责任编辑：何红艳
编辑助理：钱　鹏
封面设计：付　巍
封面制作：白　雪
责任校对：王　杰
责任印制：樊启鹏

出版发行：中国铁道出版社有限公司（100054，北京市西城区右安门西街8号）
网　　址：http://www.tdpress.com/51eds/
印　　刷：三河市兴博印务有限公司
版　　次：2011年8月第1版　2016年1月第2版　2020年8月第4次印刷
开　　本：787 mm×1 092 mm　1/16　印张：12.25　字数：276千
印　　数：4 001～5 000册
书　　号：ISBN 978-7-113-20969-8
定　　价：26.00元

FOREWORD 前　言（第2版）

本书是根据技能型紧缺人才培养培训工程数控技术应用专业的教改方案要求，结合各级各类院校的所配设备情况和全国数控大赛设备使用情况，以普及率极高的FANUC-Oi系统为基础来编写的。

学生通过对教材的学习实践，可进一步熟悉数控加工工艺，掌握数控程序的编写方法，并可以熟练操作FANUC-Oi系统控制的数控车床、数控铣床与加工中心加工中等以上难度的零件。

本书包括数控车削加工和数控加工中心铣削加工两个项目，共13个任务。每个任务都由任务描述、任务目标、相关知识、任务实施、任务评价和思考题与同步训练六部分组成；任务实施包括图样分析、加工工艺方案制订、编制程序、实际加工和质量检测等内容。相关知识中补充学生欠缺较多的数控加工工艺知识。附录（模拟考场）为新增部分，附录A、B均包括应知和应会两部分的习题，应知部分由选择题和判断题组成样卷，应会部分包括编程样卷和实操样卷及其评分标准。

本书主要特点:

1. 按照职业资格鉴定要求设置任务，满足企业的用人要求

本书按照职业资格鉴定要求设置任务，包括数控车削加工和数控加工中心铣削加工的常见任务。任务内容由浅入深，先易后难，包含了常见的车、铣零件的加工工艺，达到了中级工、高级工等考核标准，能够满足企业的用人要求。

2. 教材实用性强，有助于学生考取职业资格技能证书

在教材编写过程中特别注意教材的实用性，每一个任务对应一类零件加工工艺、一组编程指令和相应机床基本操作，通过任务的学习与实践，既可以巩固工艺知识、编程指令，又可以掌握数控机床加工的基本操作技能，并能逐步掌握操作技巧。做到学与用、工艺与编程、编程与加工、理论与实践的统一。技能鉴定模块有助于学生考取数控车/加工中心职业资格技能证书。

3. 采用任务驱动模式，体现基于工作过程的教学方法

全书以FANUC-Oi数控系统为例，采用任务驱动模式编写。教材呈现形式符合学生认知规律，体现基于工作过程的理念。

4. 教学资源丰富

除出版纸质教材外，还有与之配套的课程标准、考核标准、授课方案、电子教案、PPT课件、部分任务的加工过程视频等资源。

教学参考课时如下:

序　　号	课 程 内 容		课时分配
项目一	数控车削加工	任务一　初识数控车削加工	6
		任务二　阶梯轴的加工	6
		任务三　切槽与切断	6
		任务四　螺纹的加工	6
		任务五　盘套类零件的加工	12
		任务六　宏程序应用	12
		任务七　零件综合加工	12
项目二	数控加工中心铣削加工	任务一　初识数控铣削加工	6
		任务二　轮廓的加工	12
		任务三　槽的加工	8
		任务四　孔系的加工	8
		任务五　数控铣削宏程序应用	8
		任务六　零件综合加工	12
附录	模拟考场	附录A　数控车床中级工模拟考场	6
		附录B　数控铣削/加工中心中级工模拟考场	6
机　　动			6
合　　计			132

本书由天津冶金职业技术学院李桂云任主编，湖南信息职业技术学院朱红建和天津职业技术师范大学迟涛、天津冶金职业技术学院梁国勇和天津工程机械研究所刘志琴任副主编，肖卫宁、王宝成、权德香、李焱参与编写。具体编写分工如下：李桂云编写项目一任务一、项目二任务一、附录，朱红建编写项目一的全部相关知识和项目一任务五，迟涛、梁国勇、刘志琴编写项目一任务六、七和项目二任务五、六，肖卫宁、李焱编写项目一任务二至四，王宝成、李焱编写项目二的任务二和四，权德香编写项目二任务三和项目二的所有相关知识。全书由李桂云统稿。天津冶金职业技术学院孔维军担任主审，对本书提出了许多宝贵意见，在此表示感谢！

由于编者的水平有限、时间仓促，书中难免存在疏漏和不足之处，希望读者提出宝贵意见和建议。

编　者

2015年12月

FOREWORD

前　言（第1版）

本书是根据技能型紧缺人才培养培训工程数控技术应用专业的教改方案要求，结合各级各类院校的设备实际和全国数控大赛设备，以普及率极高的FANUC-Oi系统为基础来编写的。

学生通过教材的实践，达到进一步熟悉数控程序的编写、熟练操作FANUC系统控制的数控车床、数控铣床与加工中心加工中等以上难度的零件。

本书包括数控车削加工和数控加工中心铣削加工两部分，共有13个实训任务。每个任务包括任务描述、任务目标、相关知识、任务实施、同步训练与思考和任务评价六部分组成。任务实施包括图样分析、加工工艺方案制定、编制程序、实际加工和质量检测等内容。

本书主要特点：

- 内容由浅入深，先易后难，包含了常见的车铣零件的加工工艺，达到了中级工以上等级考核标准，能够满足企业的用人要求。
- 做到学与用、编程与加工、理论与实践的统一；通过实训任务熟悉数控机床的操作，提高学生的数控技能水平。
- 实习设备为全国数控大赛指定设备，具有普遍性。

教学参考课时如下：

序　号	课程内容		课时分配
项目一	数控车削加工	任务一　初识数控车削加工	6
		任务二　阶梯轴的加工	6
		任务三　切槽与切断	6
		任务四　螺纹的加工	6
		任务五　盘套类零件的加工	12
		任务六　宏程序应用	12
		任务七　零件综合加工	12
项目二	数控加工中心铣削加工	任务一　初识数控铣削加工	6
		任务二　轮廓的加工	12
		任务三　槽的加工	8
		任务四　孔系的加工	8
		任务五　数控铣削宏程序应用	8
		任务六　零件综合加工	12
机　动			6
合　计			120

本书由天津冶金职业技术学院李桂云任主编，湖南信息职业技术学院朱红建和天津冶金职业技术学院迟涛任副主编。李桂云编写项目一任务一、项目二任务一，朱红建编写项目一的全部相关知识和项目一任务五，迟涛编写项目一任务六、七和项目二任务五、六，肖卫宁编写项目一任务二至四，王宝成编写项目二的任务二和四，权德香编写项目二任务三和项目二的所有相关知识。全书由李桂云统稿。

本书由天津冶金职业技术学院孔维军担任主审并对本书提出了许多宝贵意见，在此一并表示感谢！

由于编者的水平有限、时间仓促，书中难免存在各种错误和不足之处，希望读者提出宝贵意见和建议。

编　者

2011年5月

CONTENTS | # 目　录

项目一　数控车削加工

数控车削加工是数控机床中应用最普遍的加工方法之一。数控车削具有加工精度高、能够做直线和圆弧插补（高档数控车床还有非圆曲线插补功能），以及在加工过程中能够自动变速等特点，数控车床的加工范围越来越广泛。

任务一　初识数控车削加工

任务描述

零件如图 1-1-1 所示，毛坯为 ϕ35 mm 铝棒，使用 CKA6150 卧式数控车床加工零件，选择相应量具检测零件加工质量。

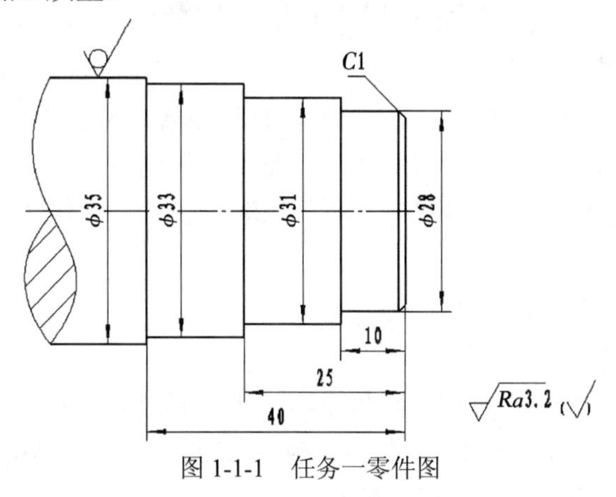

图 1-1-1　任务一零件图

任务目标

- 了解数控车床相关知识；
- 熟悉数控车床面板及基本操作；
- 具有初步使用数控车床加工零件的能力；
- 具有初步选择量具，检测零件加工质量的能力。

相关知识

一、认识数控车床

数控车床又称 CNC 车床，是目前应用较为广泛的数控机床之一。

1．数控车床的分类

数控车床品种繁多、规格不一，有多种分类方式。按主轴的配置形式分为卧式数控车床和立式数控车床。图 1-1-2 所示数控车床主轴轴线处于水平位置，因此为卧式数控车床。卧式数控车床主要用于轴类零件和小型盘类零件的车削加工；立式数控车床用于回转直径较大的盘类零件的车削加工。

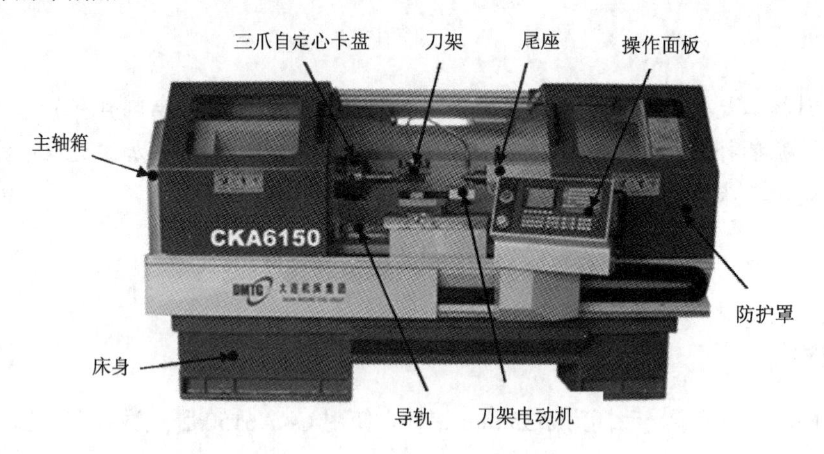

图 1-1-2　CKA6150 卧式数控车床

2．卧式数控车床结构

CKA6150 卧式数控车床由主轴箱、刀架、进给系统、床身以及冷却、润滑系统等部分组成。普通车床将运动经过挂轮箱、进给箱、溜板箱传到刀架实现纵向和横向进给运动；数控车床采用伺服电动机经滚珠丝杠将运动传到滑板和刀架，实现 *Z* 向（纵向）和 *X* 向（横向）进给运动。

CKA6150 数控车床具有以下结构特点：

① 机床采用卧式车床布局。

② 机床纵/横向运动轴采用伺服电动机驱动、精密滚珠丝杠副和高刚性精密复合轴承传动以及高分辨率位置检测元件（脉冲编码器）构成半闭环 CNC 控制系统。

③ 主轴转速高，变频调速范围宽，整机噪声低。

④ 主轴通孔直径大，通过棒料能力强，适用范围广。

⑤ 配有集中润滑器对滚珠丝杠及导轨结合面进行强制自动润滑，可有效提高机床的动态响应特性及丝杠导轨的使用寿命。

3．卧式数控车床加工范围

卧式数控车床能够自动完成轴类和盘类零件的内外圆柱面、圆锥面、圆弧面、端面、切槽、倒角等工序的切削加工，并能实现直螺纹、端面螺纹及锥螺纹等工序的各种零件的车削加工。

4．CKA6150 数控车床主要技术参数

CKA6150 数控车床主要技术参数如表 1-1-1 所示。

表 1-1-1　CKA6150×1000 数控车床主要技术参数

项目名称	参数值	项目名称	参数值
床身上最大工件回转直径/mm	500	*X* 向快速进给/(m·min^{-1})	6
刀架上最大工件回转直径/mm	280	*Z* 向快速进给/(m·min^{-1})	10
床身导轨宽度/mm	400	刀架重复定位精度/mm	0.008
主电动机/kW	6.5	四工位刀架换刀时间/s	2.4
主轴孔直径/mm	84	尾座套筒直径/mm	75
主轴孔前端锥度	1:20	尾座套筒行程/mm	150
X 向最大行程/mm	280	尾座套筒锥孔锥度	莫氏 5 号
Z 向最大行程/mm	935	机床轮廓尺寸长×宽×高/mm^3	2 830×1 750×1 620

二、CKA6150 卧式数控车床面板

数控车床面板由系统面板和车床操作面板两部分组成，如图 1-1-3 所示。数控车床系统面板按键名称如表 1-1-2 所示，数控车床操作面板按键功能如表 1-1-3 所示。

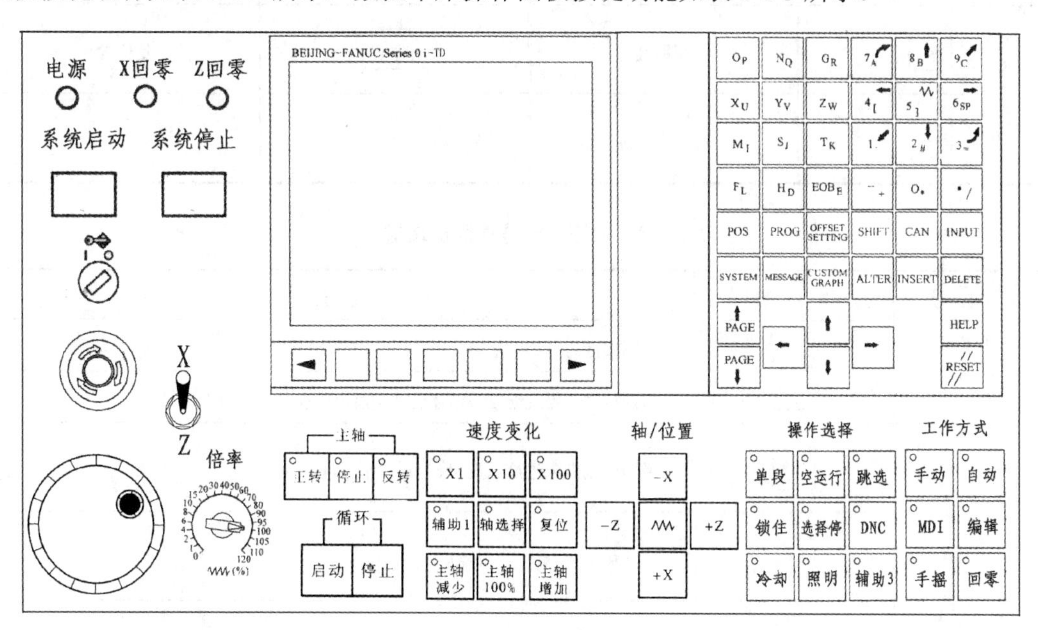

图 1-1-3　数控车床面板

表 1-1-2　数控系统面板主要按键名称

图标	按键名称	图标	按键名称
◄□□□□□□►	软键	O_P	地址和数字键
POS	位置显示键	PROG	程序键

续表

图　　标	按键名称	图　　标	按键名称
OFFSET SETTING	偏置/设置键	SHIFT	切换键
CAN	取消键	INPUT	输入键
SYSTEM	系统参数键	MESSAGE	信息键
CUSTOM GRAPH	图形显示键	ALTER	替换键
INSERT	插入键	DELETE	删除键
↑PAGE　PAGE↓	翻页键	← ↑ ↓ →	移动光标键
HELP	帮助键	RESET	复位键
EOB_E	段结束符键	—	—

表 1-1-3　数控车床操作面板按键功能

功能块名称	按　　键	功能说明
循环	循环 启动 停止	左侧按键为自动加工启动
		右侧按键暂停进给，按循环启动键后可以恢复自动加工
工作方式	手动	手动控制机床进给、换刀等
	自动	自动加工
	MDI	手动输入数据、指令方式
	编辑	对程序等进行编辑
工作方式	手摇	手摇轮控制机床进给
	回零	机床返回参考点

续表

功能块名称	按　键	功　能　说　明
主轴功能	主轴：正转 停止 反转	主轴正转
		主轴停止
		主轴反转
操作选择	单段	自动加工方式下，执行一个程序段后自动停止
	空运行	滑板以进给速率开关指定的速度移动，程序中的F代码无效
	跳选	程序开头有“/”符号的程序段被跳过不执行
	锁住	滑板被锁住
	选择停	按下此键M01有效
	DNC	数据传输
速度变化	X1	手摇轮转动一格滑板移动0.001 mm
	X10	手摇轮转动一格滑板移动0.01 mm
	X100	手摇轮转动一格滑板移动0.1 mm
	轴选择	选择坐标轴，灯亮为选择*X*轴，不亮选择*Z*轴
	复位	机床复位
	主轴减少	主轴低于设定转速运行
	主轴100%	主轴按设定转速运行
	主轴增加	主轴高于设定转速运行
轴/位置	-X	沿*X*轴负方向移动，刀具沿横向接近工件
	+X	沿*X*轴正方向移动，刀具沿横向远离工件

续表

功能块名称	按　　键	功 能 说 明
轴/位置	-Z	沿 Z 轴负方向移动，刀具沿纵向接近工件
	+Z	沿 Z 轴正方向移动，刀具沿纵向远离工件
		沿所选坐标轴快速移动
系统	系统启动	机床数控系统通电
	系统停止	机床数控系统断电
急停		出现异常情况，按下此键机床立即停止工作
旋转手轮	倍率	在自动状态下，由 F 代码指定的进给速度可以用此开关调整，调整范围 0%~150%；车螺纹时不允许调整
		沿“-”向旋转（逆时针）表示沿轴负方向进给，沿“+”向旋转（顺时针）表示沿轴正方向进给
指示灯	电源	系统接通电源，电源指示灯亮
	X回零	完成 X 向回参考点，X 回零指示灯亮
	Z回零	完成 Z 向回参考点，Z 回零指示灯亮
轴选择	X Z	选择坐标轴，向上选择 X 轴，向下选择 Z 轴

三、安全操作规程

1．学生守则

① 上岗前必须穿戴好防护用品，加工时不准戴手套，女同学必须戴工作帽，不准将头发留在外边，不准穿高跟鞋，不准戴首饰。

② 使用数控机床前做好设备的维护保养工作。

③ 毛坯，工、量具应摆放在固定位置，图样或指导书应放在便于使用的位置。

④ 工件必须卡牢，刀具要拧紧，防止松动甩出伤人。开机前，应检查卡盘扳手是否拿离卡盘。

⑤ 加工时应关闭机床防护罩，禁止用手触摸正在转动的工件。

⑥ 装卸工件、测量加工表面及手动变挡调速时，必须先停车。

⑦ 加工过程中发现机床运转声音不正常或出现故障时，要立即停车检查并报告指导教师，以免出现危险。

⑧ 每日实习完毕要认真清扫机床，保证床面、导轨的清洁和润滑。

⑨ 整理好工具、量具和工件。

⑩ 遵守实习管理的各项规章制度，对违反纪律及规章制度的学生，指导老师要给予必要的批评教育，情节严重者，指导老师有权停止其实习。

2．安全操作规程

① 学生必须在教师指导下进行数控机床操作。

② 单人操作机床，禁止多人同时操作。

③ 手动回参考点时，机床各轴位置要距离参考点 30 mm 以上。

④ 使用手轮或快速移动方式移动各轴时，一定要看清各轴“+”“-”方向后再移动，移动时先慢后快。

⑤ 学生遇到问题，立即向指导老师报告，禁止进行尝试性操作。

⑥ 程序运行前要检查光标在程序中的位置、机床各功能按钮的位置和导轨上是否有杂物、工具等。

⑦ 启动程序时，一定要一只手按开始按钮，另一只手放在急停按钮处，程序在运行过程中手不能离开急停按钮，如有紧急情况立即按下急停按钮。

⑧ 机床在运行过程中要关闭防护门，以防切屑、润滑油飞出。

⑨ 程序中有暂停指令，需要测量工件尺寸时，要待机床完全停止、主轴停转后进行测量；此时千万不要触及开始按钮，以免发生人身事故。

⑩ 注意手、身体和衣服不能靠近正在旋转的工件或机床部件。

⑪ 在高速切削时，不准用手直接清除切屑，应用专门的钩子清除。

四、数控机床的一般操作过程

不同类型的数控机床的操作有所不同，应详细阅读机床使用说明书以保证机床正常运转。数控机床的操作一般分为下面三个阶段：

1．准备阶段

① 开机前例行检查。

② 系统启动。

③ 检查开关、按键、电压、气压、油压。

④ 检查机床坐标位置，坐标轴回参考点。

2．加工阶段

① 输入程序与检查。

② 装夹工件并找正。

③ 选用、安装刀具，并输入刀补。

④ 模拟检查或空运行。

⑤ 自动加工。

⑥ 测量工件。

3．辅助阶段

① 刀具移开，卸下工件。

② 机床各坐标轴远离参考点。

③ 手动进给和快速进给开关拨到零位，防止误操作机床。

④ 切断机床电源。

五、数控车床常用 M、G 代码

数控车床常用 M 代码如表 1-1-4 所示，常用 G 代码如表 1-1-5 所示。

表 1-1-4 数控车床常用 M 代码

代　码	功　能	代　码	功　能
M00	程序暂停	M09	切削液关
M01	程序有条件暂停	M30	程序结束并返回起点
M02	程序结束	M41	主轴转速低挡
M03	主轴正转	M42	主轴转速中挡
M04	主轴反转	M43	主轴转速高挡
M05	主轴停止	M98	子程序调用
M08	切削液开	M99	子程序结束

表 1-1-5 数控车床常用 G 代码

代　码	组　别	功　能	代　码	组　别	功　能
* G00	01	快速点定位	* G70	00	精加工复合循环
* G01		直线插补	* G71		粗加工复合循环
* G02		顺时针圆弧插补	* G72		端面粗加工复合循环
* G03		逆时针圆弧插补	* G73		固定形状粗加工复合循环
* G04	00	暂停	* G74		端面钻孔复合循环
* G20	06	英寸输入	* G75		外圆切槽复合循环
* G21		毫米输入	* G76		螺纹切削复合循环
* G40	07	取消刀尖圆弧半径补偿	* G90	01	外圆切削循环
* G41		刀尖圆弧半径左补偿	* G92		螺纹切削循环
* G42		刀尖圆弧半径右补偿	* G94		端面切削循环
* G50	00	1. 坐标系设定；2. 主轴最高转速限制	* G96	02	恒线速度控制
* G65	00	调用宏指令	* G97	02	取消恒线速度控制
* G66	12	宏程序模态调用	* G98	05	每分钟进给量
* G67		取消宏程序模态调用	* G99		每转进给量

注：*为开机状态。

任务实施

一、系统启动

系统启动操作步骤如下：

① 旋转机床主电源开关至ON位，机床电源指示灯亮；

② 按键，CRT显示器上出现机床的初始位置坐标画面。

二、手动返回机床参考点

采用增量式测量系统时，机床工作前必须执行返回参考点操作。一旦机床出现断电、急停或超程报警信号，数控系统就失去了对参考点坐标的记忆，操作者在排除故障后也必须执行返回参考点操作。采用绝对式测量系统不需要返回参考点。

手动返回机床参考点操作步骤如下：

① 按回零键。

② 按+X键和+Z键，刀具快速返回参考点，回零指示灯亮，查看CRT显示器上机械坐标值是否为零。

注意： 机床回参考点的顺序是先 X 轴，后 Z 轴，防止刀架碰撞尾座。另外，当滑板上的挡块距离参考点不足30 mm时，要先用手动键使滑板移向参考点的负方向，然后再返回机床参考点。

三、手动操作机床

1．滑板手动进给

滑板进给的手动操作有两种，一种是用手动键使滑板快速移动，另一种是用手摇键移动滑板。

（1）用手动键快速移动滑板

① 按手动键。

② 同时按快速键和+X键（-X键、-Z键、+Z键），刀架快速移动。

（2）用手摇键移动滑板

① 按手摇键。

② 选择X1键、X10键或X100键。

③ 用开关键，选择移动的坐标轴 X 或 Z。

④ 转动手摇轮，刀架按指定的方向移动。

2．手动控制主轴转动

（1）主轴启动

① 按MDI键。

② 按PROG键，CRT显示器上出现MDI下的程序画面。

③ 输入“M03”或“M04”，输入“S××”，如“M03 S500”，按EOB、INSERT键。

④ 按循环启动键，主轴按设定的转速转动。

（2）主轴停止

① 在MDI画面中输入“M05”，按EOB、INSERT键。

② 按循环启动键，主轴停止。

开机后首次主轴转动采用上面的方法，后面操作可以在手动模式下直接按主轴“正转”“反转”或“停止”键。

3．手动操作刀架转位

① 按 MDI 键。

② 按 PROG 键。

③ 输入“T××”，如“T01”，按 EOB 、INSERT 键。

④ 按“循环启动”键，1 号刀具转到工作位置。

四、装夹、找正工件

采用三爪自定心卡盘夹住棒料外圆，进行外圆找正后，再夹紧工件。注意，工件装卡一定要牢固。

找正方法一般为打表找正，常用的钟面式百分表如图 1-1-4 所示。百分表是一种指示式量具，除用于找正外，还可以测量工件的尺寸、形状和位置误差。

百分表使用注意事项如下：

① 使用前，应检查测量杆的灵活性。即轻轻推动测量杆时，测量杆在套筒内的移动要灵活，且每次放松后，指针能回复到原来的刻度位置。

② 使用百分表时，必须把它固定在可靠的夹持架上（如固定在万能表架或磁性表座上）。

③ 不要使测量头突然撞在零件上。

④ 不要使百分表受到剧烈的振动和撞击。

用百分表找正图 1-1-5 所示工件外圆，具体操作步骤如下：

① 准备阶段：将钟面式百分表装入磁力表座孔内，锁紧，检查测头的伸缩性、测头与指针配合是否正常。

② 测量阶段：百分表测头与工件的回转轴线垂直，用手转动三爪自定心卡盘，根据百分表指针的摆动方向轻敲工件进行调整，使工件的回转轴线，即工件坐标系的 Z 轴与数控车床的主轴中心线重合。

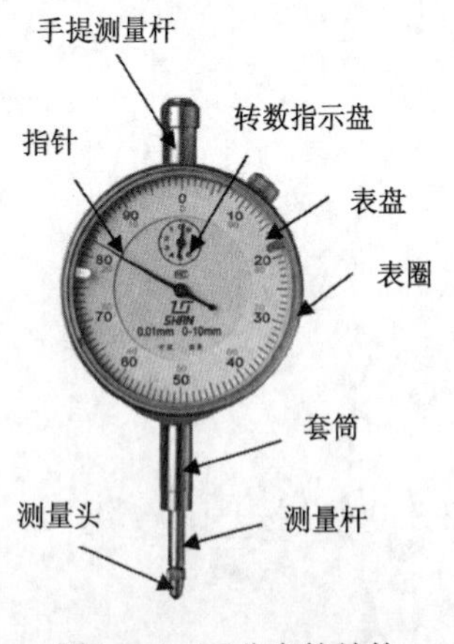

图 1-1-4　百分表的结构

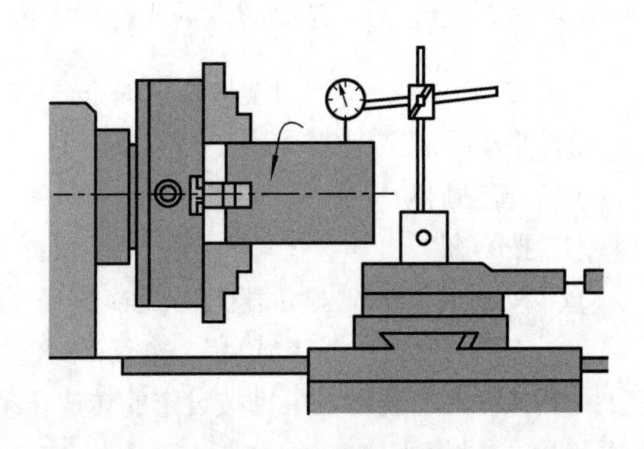
图 1-1-5　零件找正

工件装夹注意事项如下：

① 装夹工件时应尽可能使基准统一，减少定位误差，提高加工精度。

② 装夹已加工表面时，应在已加工表面包一层铜皮，以免夹伤工件表面。

③ 装夹部位应选在工件上强度、刚性好的表面。

五、安装刀具

机夹外圆车刀的安装步骤如下：

① 将刀片装入刀体内，旋入螺钉，并拧紧。

② 刀杆装在刀架上前，先清洁装刀表面和车刀刀柄。

③ 车刀在刀架上伸出长度约等于刀杆高度的 1.5 倍，伸出长度太长会影响刀杆的刚性。

④ 车刀刀尖应与工件中心等高。

⑤ 刀杆中心应与进给方向垂直。

⑥ 至少用两个螺钉压紧车刀，固定好刀杆。

六、程序与模拟

零件加工程序如表 1-1-6 所示。

表 1-1-6　加 工 程 序

O111	
G40 G97 G99 M03 S1200;	X31.0;
T0101;	Z−25.0;
M08;	X33.0;
G00 Z5.0;	Z−40.0;
X26.0;	X35.0;
G01 Z0　F0.1;	G00 X150.0;
G01 X28.0　Z−1.0;	Z150.0;
Z−10.0;	M30;

程序的输入方法有两种，一种是手工输入程序；另一种是通过数据传输导入程序。

1. 输入程序

按编辑键→按PROG键进入程序界面→输入程序名如“O111”→按INSERT键→按EOB键→按INSERT键→用鼠标或键盘输入 O111 程序的内容→输入结束后按RESET键回到程序起点。

输入、编辑程序常用功能如下：

① 换行：按EOB键→按INSERT键。

② 输入数据：按数字或字母键输入，如 M03 S500，将数据输入到输入区域；如果输入错误，按CAN键删除输入区域内的数据。

③ 移动光标：按PAGE↑键向上翻页，按PAGE↓键向下翻页；按↑或↓或←或→键向上、下、左、右移动光标。

④ 删除、插入、替代：按DELETE键删除光标所在位置的代码，按INSERT键将输入区域的内容插入到光标所在代码后面，按ALTER键使输入区域的内容替代光标所在位置的代码。

2．M 卡导入程序

M 卡导入程序步骤如下：（FANUC Oi-TD 系统）

① 确认输出设备已经准备好。

② 按编辑键→按PROG键→显示程序。

③ 按【列表】键→按【操作】键→按右侧扩展键。

④ 选择【设备】键→选择【M-卡】键→显示卡中内容。

⑤ 按【F 读取】键→输入 M 卡程序序号→按【F 设定】键确认→输入机床中程序号→按【O 设定】键确认→按【执行】键→按PROG键在 CRT 上显示导入的程序。

⑥ 程序传输完毕，按【操作】键→按右侧扩展键→按【设备】键→按【CNCMEM】键，回到原始状态。

3．程序模拟

输入的程序必须进行检查，常用图形模拟检查程序是否正确。图形模拟操作步骤如下：

按编辑键→按PROG键→输入程序号，按↓键显示程序→按自动键→按CUSTOM GRAPH键→按“图形”键→按空运行和锁住键→按循环启动键，观察程序的加工轨迹。

注意：图形模拟结束后，必须取消空运行和锁住功能，同时要进行全轴操作。

全轴操作步骤如下：

取消空运行和锁住→按POS键→按【绝对坐标】键→按【操作】键→按【W 预置】键→按【所有轴】键→CRT 面板坐标和实际坐标一致。

七、对刀操作

通过操作“手动”键或手摇轮均可完成对刀操作，手动对刀步骤如下：

1．切削外圆直径

① 按手动键→按+X或-X键→机床沿 X 向移动；同理使机床沿 Z 向移动接近毛坯。

② 按MDI键→按PROG键→进入 MDI 界面→输入“M03 S600”→按EOB键→按INSERT键→按循环启动键→主轴正转。

③ 按-Z键→机床沿 Z 轴负向移动，刀具切削工件外圆。

④ 按+Z键，X 轴坐标保持不变，沿 Z 轴正向退刀。

2．测量切削直径

按主轴停止→测量试切削外圆，记下直径值。

3．X 向补正

① 按OFFSET SETTING键→按【补正】键→按【形状】键→移动光标至选择的刀具位置，如番号 G01，界面如图 1-1-6 所示。

② 输入 X 直径值（如 X33.539）→按【测量】键。

工具形状/补正			O0000	N0000
番号	X	Z	R	T
G01	0.000	0.000	0.000	0.000
G02	0.000	0.000	0.000	0.000
G03	0.000	0.000	0.000	0.000
G04	0.000	0.000	0.000	0.000
G05	0.000	0.000	0.000	0.000
G06	0.000	0.000	0.000	0.000
G07	0.000	0.000	0.000	0.000
G08	0.000	0.000	0.000	0.000

现在位置（相对坐标）
U-60.580　　W-35.238
>_　　OS　50%　T0101
HNDL.　****　***　***　20:17:23
[NO检索]　[测量]　[C.输入]　[+输入]　[输入]

图 1-1-6　参数输入界面

注意：与仿真加工不同之处是对刀结束后，可以验证对刀是否正确。具体操作步骤如下：

完成 X 向补正后，刀具沿 Z 轴正向移动远离工件（X 值不变），按MDI键→输入刀具号→按循环启动键，此时 CRT 屏幕上显示的 X 坐标的绝对值为测量直径。

4．切削端面

① 按主轴正转。

② 刀具接近工件→按-X键，切削工件端面。

③ 按+X键，Z 向坐标保持不变，沿 X 轴正向退刀。

5．Z 向补正

① 按OFFSET SETTING键→按【补正】键→按【形状】键→移动光标至选择的刀具位置，如番号 G01，界面如图 1-1-6 所示。

② 输入 Z0→按【测量】键。

Z 向补正完成后验刀操作步骤如下：

完成 Z 向补正后，刀具沿 X 轴正向移动远离工件（Z 值不变），按MDI键→输入刀具号→按循环启动键，此时 CRT 屏幕上显示的 Z 坐标的绝对值为零。

八、自动加工

调用加工程序→按自动键→按循环启动键，自动加工零件。

注意：自动加工前要进行全轴操作，并检查空运行和锁住按钮状态。

九、零件检测

① 卸下工件。

② 根据零件的尺寸精度要求选用游标卡尺测量零件的直径和长度尺寸。

③ 选用表面粗糙度比较样板检测 Ra 值。

任务评价

任务一评价表如表 1-1-7 所示。

表 1-1-7　任务一评价表　　单位：mm

项　目	技术要求				配　分	得　分
基本操作（50%）	刀具与工件的装卡				5	
	输入程序并模拟				10	
	对刀				15	
	规定时间内完成				10	
	安全文明生产				10	
尺寸检测（35%）	图样尺寸	量　具	学生自测	教师检测	—	—
	ϕ28	游标卡尺			7	
	ϕ31	游标卡尺			7	
	ϕ33	游标卡尺			7	
	10	游标卡尺			3	
	25	游标卡尺			3	
	40	游标卡尺			3	
	*Ra*3.2 μm	粗糙度样板			5	
职业能力（15%）	学习能力				5	
	表达沟通能力				5	
	合作能力				5	
总　计						

思考题与同步训练

一、思考题

1. 简述对刀的目的、步骤及注意事项。
2. 简述工件找正的目的、步骤及注意事项。
3. 在什么模式下可以编辑程序？
4. 简述程序模拟的意义及步骤。

二、同步训练

（一）应知训练

1. 选择题

（1）（　　）是指机床上一个固定不变的极限点。

A. 机床原点　　B. 工件原点　　C. 换刀点　　D. 对刀点

（2）控制机械紧急停止的按钮，其工业安全颜色应以（　　）色为正确。

A. 红　　B. 黄　　C. 绿　　D. 蓝

（3）若消除报警，则需要按（　　）键。

A.【RESET】　　B.【HELP】　　C.【INPUT】　　D.【CAN】

（4）加工程序的输入必须在（　　）工作方式下进行。

A. 手动　　B. 手摇　　C. 编辑　　D. 自动

（5）数控机床工作时，当发生任何异常现象需要紧急处理时应启动（　　）。

A. 程序停止功能　　B. 暂停功能　　C. 急停功能　　D. 主轴停转

（6）数控车床 X 方向对刀时，车削外圆后只能沿（　　）方向退刀并在停掉主轴后，测量外径尺寸。

A. X　　B. Z　　C. X、Z 都可以　　D. C

2. 判断题

（　　）（1）手动返回车床参考点时，返回点不能离参考点太近，否则会出现机床超程报警。

（　　）（2）通常情况下，手摇脉冲发生器顺时针转动方向为刀具进给的正方向，逆时针转动方向为刀具进给的负方向。

（　　）（3）程序输入结束后，想要返回程序头必须按【RESET】键。

（　　）（4）安装车刀时对于刀具伸出长度没有具体要求。

（　　）（5）按下急停按钮后，除能够进行手轮操作外，其余所有操作都将停止。

（二）应会训练

零件如图 1-1-7 和图 1-1-8 所示，使用 CKA6150 卧式数控车床加工零件（加工程序见表 1-1-8 和表 1-1-9），选择量具检测零件加工质量。

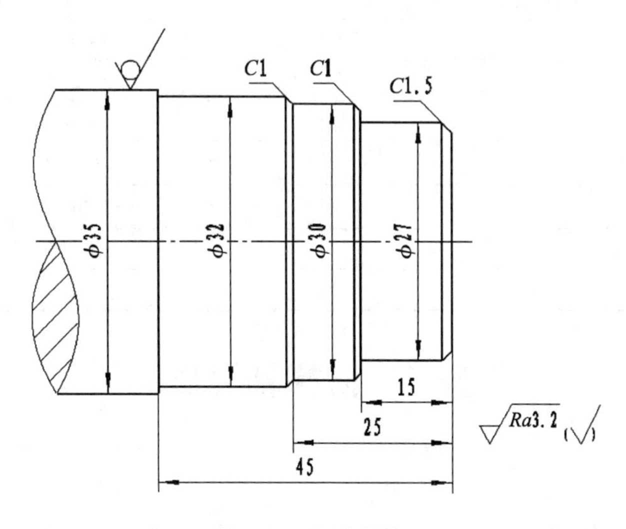

图 1-1-7　同步训练 1

表 1-1-8　同步训练 1 加工程序

O117	
X28.0;	X30.0　Z−16.0;
G40 G97 G99 M03 S1200;	Z−25.0;
T0101;	X32.0　Z−26.0;
M08;	Z−45.0;
G00 Z5.0;	X35.0;
X24.0;	G00 X150.0;
G01 Z0　F0.1;	Z150.0;
G01 X27.0　Z−1.5;	M30;
Z−15.0;	

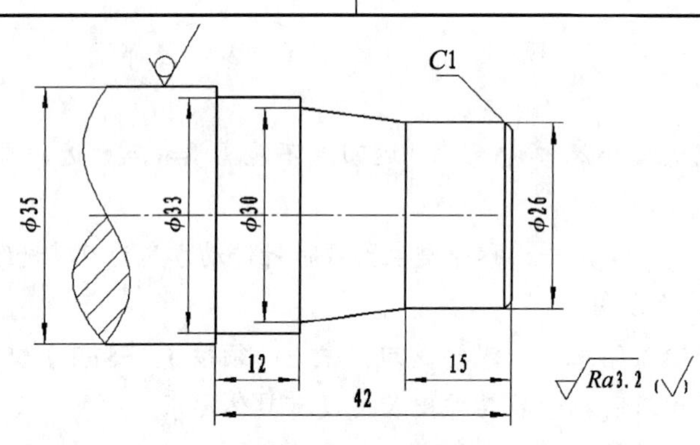

图 1-1-8　同步训练 2

表 1-1-9　同步训练 2 加工程序

O118	
G40 G97 G99 M03 S1200;	X30.0　Z−30.0;
T0101;	X33.0;
M08;	Z−42.0;
G00 Z5.0;	X35.0;
X24.0;	G00 X150.0;
G01 Z0　F0.1;	Z150.0;
G01 X26.0　Z−1.0;	M30;
Z−15.0;	

任务二　阶梯轴的加工

任务描述

为图 1-2-1 所示零件编写加工程序，毛坯为 $\phi35$ mm 铝棒，使用数控车床加工零件，选择相应量具检测零件加工质量。

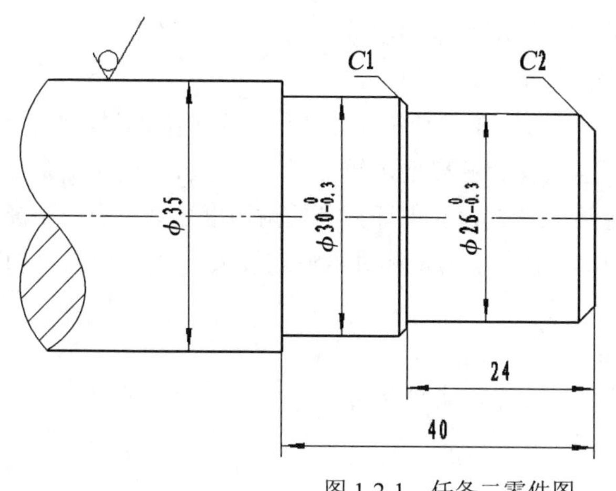

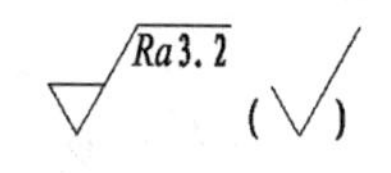

图 1-2-1　任务二零件图

任务目标

- 巩固 G00、G01、G71、G70 数控编程指令；
- 能够正确选取加工刀具和切削用量；
- 能够编写阶梯轴的加工程序；
- 熟练使用数控车床完成阶梯轴零件的加工；
- 具有选择量具，进行零件质量检测的能力。

相关知识

一、加工工艺

1．加工刀具

图 1-2-1 所示零件采用 90°外圆偏刀加工，该刀主要用于切削圆柱面、圆锥面和端面。数控车刀按照刀具材料可以分为高速钢刀和硬质合金刀等，图 1-2-2 所示为硬质合金刀 90°外圆偏刀。

图 1-2-2　硬质合金刀 90°外圆偏刀

2．切削用量的选择

选择切削用量的目的是在保证加工质量和刀具耐用度的前提下，使切削时间最短，生产效率最高，成本最低。切削用量包括背吃刀量 a_p、进给量 F 和主轴转速 n（切削速度 v）。

背吃刀量主要根据机床、夹具、刀具、工件的刚度等因素决定。粗加工时，在条件允许的情况下，尽可能选择较大的背吃刀量，减少走刀次数，提高生产率；精加工时，通常选较小的背吃刀量，保证加工精度及表面粗糙度。

粗加工时，在保证刀具、机床、工件刚度等前提下，选用尽可能大的进给量；精加工时，进给量主要受表面粗糙度的限制，当表面粗糙度要求较高时，应选较小的进给量。

主轴转速要根据允许的切削速度来选择，在保证刀具的耐用度及切削负荷不超过机床额定功率的情况下选定切削速度。粗车时，背吃刀量和进给量均较大，故应选较低的切削速度；精车时应选较高的切削速度。

切削速度与主轴转速的关系如下：

$$n=1\ 000v/\pi d$$

式中：n —— 主轴转速(r/min)；

d —— 工件直径(mm)；

v —— 切削速度(m/min)。

切削用量的具体数值可参考切削用量手册并结合实际经验而确定。

二、编程指令

1．G00 快速点定位指令

（1）功能

刀具以点位控制方式从刀具所在点出发快速移动到目标点。用于快速定位或退刀。

（2）指令格式

```
G00 X(U)__Z(W)__;
```

其中：X、Z——目标点的绝对坐标值；

U、W——目标点的增量坐标值。

（3）注意事项

① G00 为模态指令，只有遇到同组指令（G01、G02、G03）时才会被取代。

② 使用 G00 指令时刀具的实际运动路线并不一定是直线，因机床的数控系统而异；要注意刀具不要与工件或夹具相互干涉，对不适合联动的场合，每轴可单动。

③ G00 的实际速度可以用机床面板上的倍率开关调节。

2．G01 直线插补指令

（1）功能

刀具以给定的进给速度，从所在点出发直线移动到目标点。用于直线进给切削圆柱面、圆锥面、端面等表面的加工。

（2）指令格式

```
G01 X(U)__Z(W)__F;
```

其中：$X(U)$、$Z(W)$——目标点坐标；

F——进给速度。

（3）注意事项

如果在 G01 程序段之前没有 F 指令，当前 G01 程序段中也没有 F 指令，则机床不运动。

（4）G01 拓展功能

倒圆角格式：

```
G01 X（U）__ R__ F__;
```

倒直角格式：

```
G01 X（U）__ C__ F__;
```

其中：X（U）—— 相邻直线交点的 X 坐标；

R、C —— 非模态代码，R 为倒圆角的圆弧半径，C 为目标点相对倒角起点的距离。

3．G71 粗加工复合循环指令

（1）功能

该指令只需指定粗加工背吃刀量、精加工余量和精加工路线，系统便可自动给出粗加工路线和加工次数，完成内、外圆表面的粗加工，G71 指令循环路线如图 1-2-3 所示。

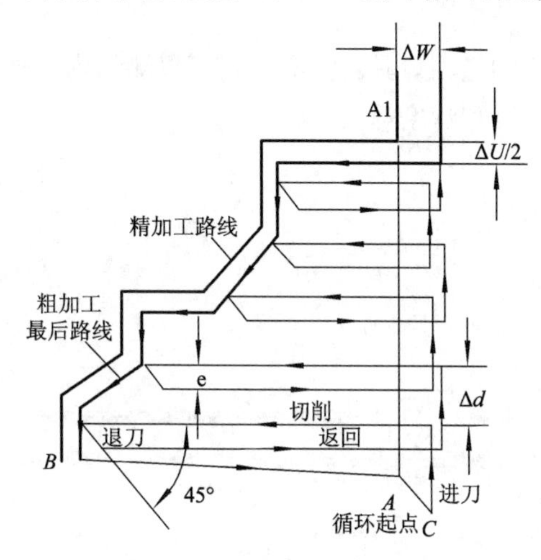

图 1-2-3　G71 指令循环路线

（2）指令格式

```
G71 U (Δd) R (e);
G71 P (ns) Q (nf) U (Δu) W (Δw);
```

其中：Δd —— 每次的背吃刀量，用半径值指定；一般 45 钢件取 1～2 mm，铝件取 1.5～3 mm；

e —— 每次 X 向退刀量，用半径值指定，一般取 0.5～1 mm；

ns —— 精加工轮廓程序段中的开始程序段号；

nf —— 精加工轮廓程序段中的结束程序段号；

Δu —— X 向精加工余量，一般取 0.5 mm，加工内轮廓时为负值；

Δw —— Z 向精加工余量，一般取 0.05～0.1 mm。

（3）注意事项

① 使用 G71 指令粗加工时，包含在 ns～nf 程序段中的 F、S 指令对粗车循环无效。

② 顺序号为 ns～nf 的程序段中不能调用子程序。

③ 零件轮廓必须符合沿 X 轴、Z 轴方向同时单调增大或单调减少。

④ 精加工路线程序段第一句必须用 G00 或 G01 指令沿 *X* 方向进刀。

4．G70 精加工复合循环指令

（1）功能

G70 指令用于精加工，切除 G71 指令粗加工后留下的加工余量。

（2）指令格式

```
G70 P (ns) Q (nf);
```

（3）注意事项

① 在 *ns~nf* 之间的程序段中的 F、S 指令有效。

② 按 G70 指令切削后刀具回到 G71 指令的循环起点。

三、检测量具

1．游标卡尺

（1）应用

游标卡尺是应用较广泛的通用量具。游标卡尺可以测量内、外尺寸（如长度、宽度、厚度、内径和外径、孔距、高度和深度等）。

（2）结构

游标卡尺结构如图 1-2-4 所示。

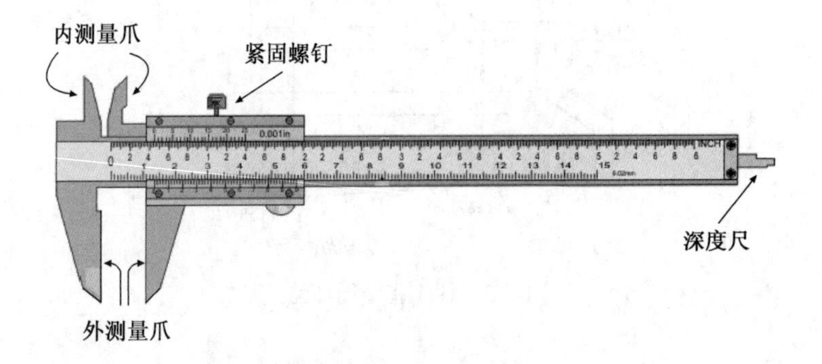

（a）普通游标卡尺

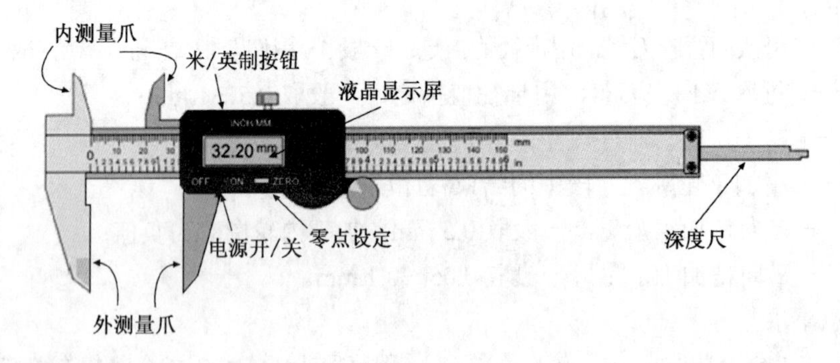

（b）数显游标卡尺

图 1-2-4　游标卡尺

（3）使用方法

测量时，左手拿待测工件，右手拿住主尺，大拇指移动游标尺，使待测工件位于测量爪之间，当与测量爪紧紧相贴时，锁紧紧固螺钉，即可读数。

（4）读数

数显游标卡尺可以直接在液晶显示屏上读数。

普通游标卡尺按其测量精度可分为 0.10 mm、0.05 mm 和 0.02 mm 三种。目前机械加工中常用精度为 0.02 mm 的游标卡尺。游标卡尺是以游标零线为基线进行读数的，以图 1-2-5 为例，其读数方法分为三个步骤：

第一步：读整数，即读出游标零线左面主尺上的毫米为整数值（19 mm）；

第二步：读小数，即找出游标尺上与主尺上对齐的游标刻线，将对齐的游标刻线与游标尺零线间的格数乘以卡尺的精度为小数值（0.52 mm）；

第三步：把整数值与小数值相加即为测量的实际尺寸（19.52 mm）。

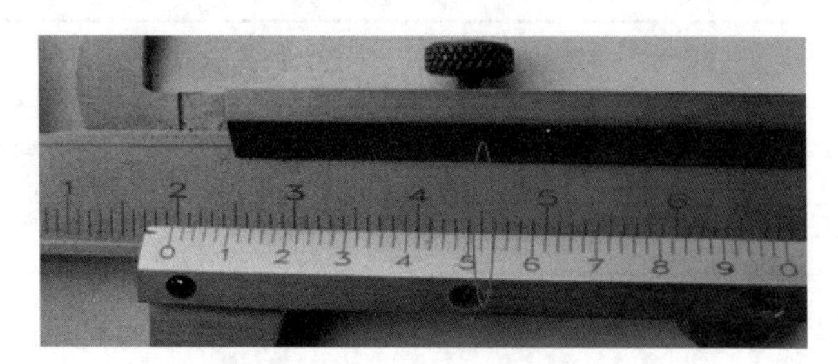

图 1-2-5　0.02 mm 游标卡尺读数

（5）注意事项

① 测量前先将测量爪和被测工件表面擦拭干净，然后合拢两测量卡爪使之贴合，检查主尺、游标尺零线是否对齐。若未对齐，应在测量后根据原始误差修正读数或将游标卡尺校正到零位后再使用。

② 当测量爪与被测工件接触后，用力不宜过大，以免卡爪变形或磨损，降低测量的准确度。

③ 测量零件尺寸时卡尺两测量面的连线应垂直于被测量表面，不能歪斜。

④ 不能用游标卡尺测量毛坯表面。

⑤ 使用完毕后须把游标卡尺擦拭干净，放入盒内。

2．粗糙度比较样板

粗糙度对比法是最早的检测机械加工工件表面粗糙度的传统方法，对比法就是用工件和粗糙度比较样板对比评定粗糙度是否合格，这种检测方法效率低、精准度差。粗糙度比较样板如图 1-2-6 所示，又称粗糙度比较板、粗糙度比较块或粗糙度对比样块等。

图 1-2-6　粗糙度比较样板

任务实施

一、图样分析

该零件为阶梯轴零件，零件加工面有外圆柱及外圆锥面、倒角等，表面粗糙度为 *Ra*3.2 μm。

二、加工工艺方案制订

1．加工方案

① 采用三爪自定心卡盘装夹，零件伸出卡盘 50 mm 左右。

② 加工零件右侧外轮廓至尺寸要求。

2．刀具选用

零件数控加工刀具如表 1-2-1 所示。

表 1-2-1 数控加工刀具卡片

零件名称		阶梯轴		零件图号		图 1-2-1	
序号	刀具号	刀具名称	数量	加工表面	刀尖半径 *R*/mm	刀尖方位 *T*	备注
1	T01	外圆右偏刀	1	外圆、倒角		3	

3．加工工序

零件数控加工工序如表 1-2-2 所示。

表 1-2-2 数控加工工序卡片

夹具名称		三爪自定心卡盘	使用设备		CKA6150 数控车床	
工步号	工步内容	刀具号	主轴转速 $n/(r \cdot mm^{-1})$	进给量 $F/(mm \cdot r^{-1})$	背吃刀量 a_p/mm	备注
1	粗车右侧外轮廓	T01	600	0.2	1.5	O121
2	精车右侧外轮廓	T01	1200	0.1	0.5	

三、编制程序

零件加工程序如表 1-2-3 所示。

表 1-2-3 加工程序

O121	
G40 G97 G99 M03 S600 F0.2;	取消刀具半径补偿，取消主轴恒转速度，设定每转进给量，主轴正转，转速为 600 r/min，设进给量为 0.2 mm/r
T0101;	90° 偏刀至 T01 刀位
M08;	打开切削液

续表

O121	
G00 Z5.0;	快速进刀至粗车循环起点
X35.0;	
G71 U1.5 R0.5;	设置外圆粗车循环
G71 P10 Q20 U0.5 W0.05;	
N10 G00 X0	精加工轮廓
G01 Z0;	
X21.85;	
X25.85 Z−2.0;	
Z-24.0;	
X27.85;	
X29.85 W−1.0;	
Z−40.0;	
N20 X35.0;	
G00 X150.0;	返回换刀点
Z150.0;	
M05;	主轴停转
M00;	程序暂停
M03 S1200 F0.1;	主轴正转，转速为 1 200 r/min，设进给量为 0.1 mm/r
G00 Z5.0;	快速进刀至精车循环起点
X35.0;	
G70 P10 Q20;	设置外圆精车循环
G00 X150.0 ;	返回换刀点
Z150.0;	
M30;	程序结束

四、实际加工

基本操作同任务一。

对于首件试切的工件，在粗车后使用程序暂停指令（M00）停下机床，测量工件尺寸是否符合要求，如有偏差要在精车前及时修正，修正方法如下：

① 按 OFFSET SETTING 键，CTR 屏幕上显示画面如图 1-2-7 所示。

② 用 ↑ 键或 ↑ 键移动光标到欲设定补偿号的位置。

③ 输入 *X*、*Z* 值。

例如图 1-2-1 所示零件，采用 T01 号 90° 偏刀，粗车后工件外径大 0.02 mm，端面长 0.03 mm，则按[OFFSET SETTING]键，用 [↑] 键或 [↓] 键移动光标至 T01 对应的刀补号 W01，X 位置输入-0.02，按【输入】键；Z 位置输入-0.03，按【输入】键，完成刀具磨损补偿。若各向尺寸相应较小，则输入“+”数据。

通过上述修正后，再进行精加工，即可达到尺寸要求。

```
工具补正/磨耗              O0000      N0000
番号    X        Z        R        T
W01   0.000    0.000    0.000    0.000
W02   0.000    0.000    0.000    0.000
W03   0.000    0.000    0.000    0.000
W04   0.000    0.000    0.000    0.000
W05   0.000    0.000    0.000    0.000
W06   0.000    0.000    0.000    0.000
W07   0.000    0.000    0.000    0.000
W08   0.000    0.000    0.000    0.000
现在位置（相对坐标）
            U-60.580        W-35.238
 >_                            OS  50%   T0101
     HNDL.     ****   ***    ***    20:17:25
[磨耗]    [形状]   [     ]    [  ]      [操作]
```

图 1-2-7　参数输入界面

进行批量生产时，因为刀具产生磨损测量工件尺寸偏大，当尺寸变化时，用上述方法可补偿刀具的磨损量。

五、尺寸检测

① 使用游标卡尺测量外径和长度尺寸。

② 使用粗糙度样板检测粗糙度。

任务评价

任务二评价表如表 1-2-4 所示。

表 1-2-4　任务二评价表　　单位：mm

项　目	技 术 要 求				配　分	得　分
程序编制（15%）	刀具、工序卡				5	
	加工程序				10	
加工操作（70%）	基本操作				20	
	图 样 尺 寸	量　具	学生自测	教师检测	—	—
	$\phi30_{-0.3}^{0}$	游标卡尺			8	
	$\phi26_{-0.3}^{0}$	游标卡尺			8	
	40	游标卡尺			5	
	24	游标卡尺			5	
	$Ra3.2$ μm	粗糙度样板			4	
	规定时间内完成				10	

续表

项　目	技 术 要 求	配　分	得　分
加工操作（70%）	安全文明生产	10	
职业能力（15%）	学习能力	5	
	表达沟通能力	5	
	团队合作	5	
总　计			

思考题与同步训练

一、思考题

1. G71 指令的加工轨迹是怎样的？

2. 在精加工之前设置 M00 指令，使程序暂时停止的目的是什么？此时应该做哪些工作？

3. 零件如图 1-2-1 所示，若精加工余量设为 0.5 mm，如粗加工后测量 ϕ26 mm 的尺寸为 26.3 mm，该如何进行尺寸的修正？如粗加工后测量 ϕ26 mm 的尺寸为 27.2 mm，该如何进行尺寸的修正？

二、同步训练

（一）应知训练

1. 选择题

（1）在“机床锁定”方式下，进行自动运行，（　　）功能被锁定。

A. 进给　　B. 刀架转位　　C. 主轴　　D. 冷却

（2）数控机床（　　）时模式选择开关应放在 MDI。

A. 快速进给　　B. 手动数据输入　　C. 回零　　D. 手动进给

（3）在 FANUC 数控系统中，外径、内径粗加工循环指令是（　　）。

A. G71　　B. G72　　C. G73　　D. G70

（4）不能用游标卡尺测量（　　），因为游标卡尺存在一定的示值误差。

A. 齿轮　　B. 毛坯件　　C. 成品件　　D. 高精度件

（5）游标卡尺以 20.00 mm 的块规校正时，读数为 19.95 mm，若测得工件读数为 15.40 mm，则实际尺寸为（　　）mm。

A. 15.45　　B. 15.30　　C. 15.15　　D. 15.00

（6）公制游标卡尺取本尺的 49 mm 长，在游尺上刻成 50 个刻度，则最小读数为（　　）mm。

A. 0.01　　B. 0.02　　C. 0.05　　D. 0.1

2. 判断题

（　　）（1）数控机床加工过程中可以根据需要改变主轴速度和进给速度。

（　　）（2）图形模拟结束后，必须取消空运行和锁住功能，同时要进行全轴操作。

（　　）（3）G00 指令可以用于切削加工。

（　　）（4）G71 指令中，*ns* ~ *nf* 之间的程序段应为精加工轮廓。

（　　）（5）用游标卡尺可以测量粗糙的毛坯件尺寸。

（　　）（6）粗糙度比较样板可以检测零件表面粗糙度是否合格。

（二）应会训练

已知毛坯为 ϕ35 mm 铝棒，编写程序并加工图 1-2-8 和图 1-2-9 所示工件。

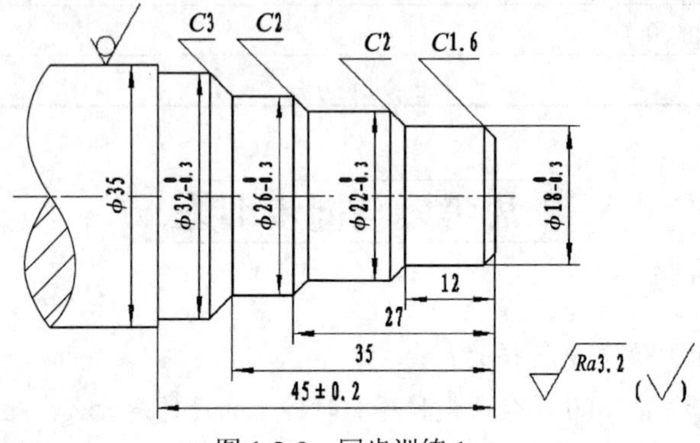

图 1-2-8　同步训练 1

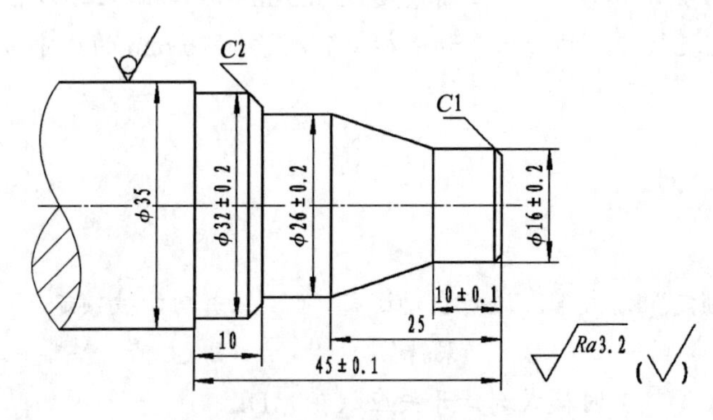

图 1-2-9　同步训练 2

任务三　切槽与切断

任务描述

为图 1-3-1 所示零件编写加工程序，毛坯为 ϕ35 mm 铝棒，使用数控车床加工零件，选择相应量具检测零件加工质量。

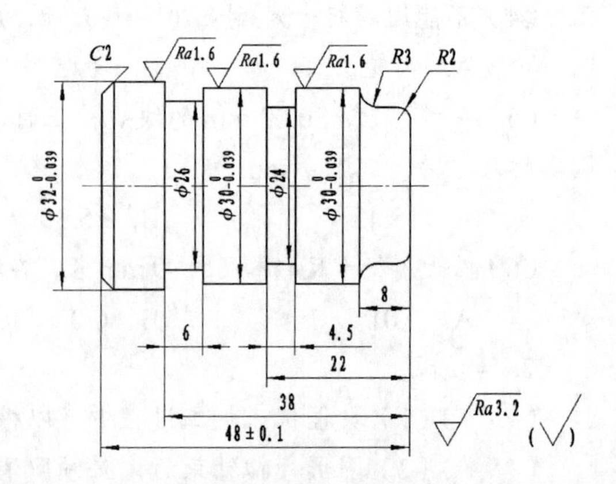

图 1-3-1　任务三零件图

任务目标

- 巩固 G02/G03 和 G04 数控编程指令；
- 能够正确选取加工刀具、切削用量和加工工艺；
- 能够编写切槽、切断及左倒角的加工程序；
- 能熟练使用数控车床完成带有槽的轴类零件的加工；
- 具有选择量具，进行零件质量检测的能力。

相关知识

一、加工工艺

1．切槽与切断刀具

切槽与切断加工刀具如图 1-3-2 所示。一般选择左刀尖为刀位点。

2．窄槽的加工

加工低精度窄槽，选择刀头宽度等于沟槽宽度的切槽刀，用 G01 直进切削而成，再用 G01 退刀；加工高精度窄槽，G01 进刀后，应在槽底停留几秒，光整槽底，再用 G01 退刀，如图 1-3-3 所示。

图 1-3-2　切槽与切断加工刀具

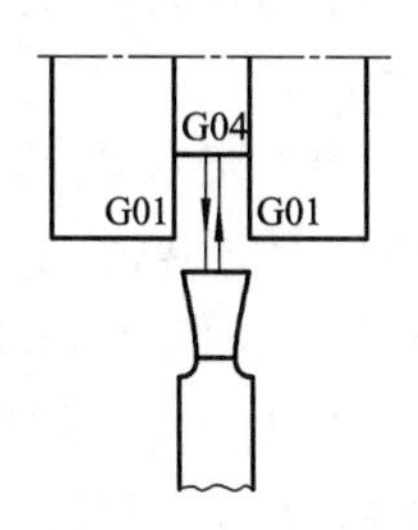

图 1-3-3　窄槽的加工路线

3．宽槽的加工

加工宽槽时分几次进刀，每次车削轨迹要有重叠部分，最后精车，如图 1-3-4 所示。

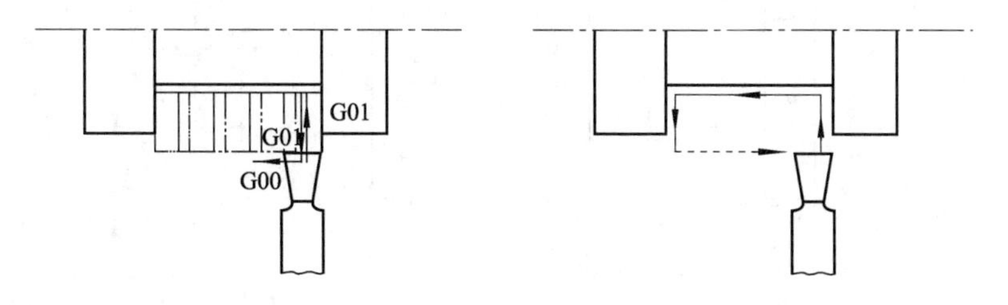

图 1-3-4　宽槽的加工路线

4．切削用量

切槽刀较 90°外圆偏刀的切削条件差，因此其切削用量取值更低。

二、编程指令

和上一个任务比较，本任务需要使用 G02/ G03 和 G04 暂停指令，下面从功能、指令格式、注意事项等方面加以介绍。

1．G02/ G03 圆弧插补指令

（1）功能

G02 为顺时针方向圆弧插补指令，G03 为逆时针方向圆弧插补指令。

（2）指令格式

格式 1：用圆弧半径 *R* 指定圆心位置。

```
G02/ G03  X（U）__ Z（W）__ R__ F__;
```

格式 2：用 *I*，*K* 指定圆心位置。

```
G02/ G03  X（U）__ Z（W）__ I__ K__ F__;
```

其中：*X*、*Z* —— 圆弧终点的绝对坐标；

U、*W* —— 圆弧终点相对于圆弧起点的增量坐标；

R —— 圆弧半径，圆心角为 0~180° 取正值，大于 180° 取负值；

I、*K* —— 圆心相对于圆弧起点的增量值。

（3）注意事项

① 圆弧顺逆方向的判定。圆弧的顺逆方向的判断按右手坐标系确定：沿圆弧所在的平面（*XOZ* 平面）的垂直坐标轴的负方向（-*Y*）看，顺时针方向为 G02,逆时针方向为 G03，如图 1-3-5 所示。

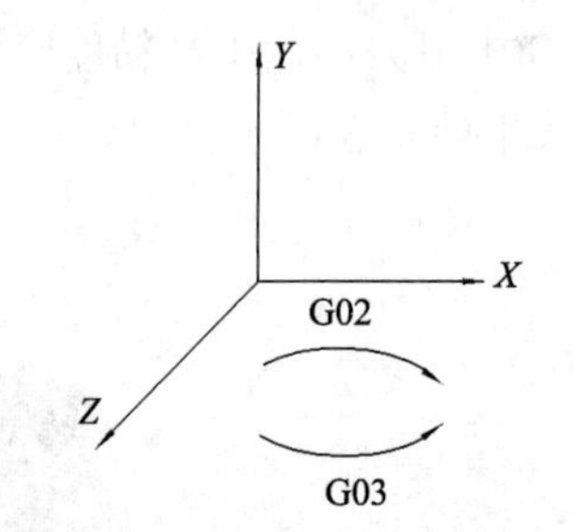

图 1-3-5　圆弧顺逆方向判定

② *I*、*K* 值

不论是用绝对尺寸编程还是用增量尺寸编程，*I*、*K* 都是圆心相对于圆弧起点的增量值，直径编程时 *I* 值为圆心相对于圆弧起点的增量值的 2 倍，如图 1-3-6 所示。当 *I*、*K* 与坐标轴方向相反时，*I*、*K* 为负值；当 *I*、*K* 为零时可以省略；*I*、*K* 和 *R* 同时指定的程序段，*R* 优先，*I*、*K* 无效。

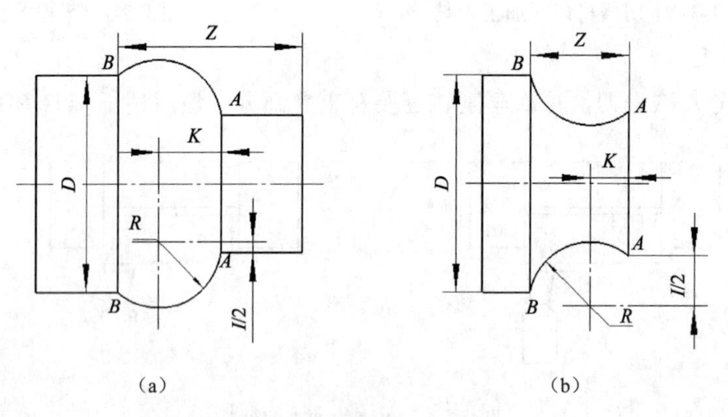

图 1-3-6　圆弧的 *I*、*K* 值

2．G04 暂停指令

（1）功能

刀具相对于零件做短时间的无进给光整加工，主要用于槽的加工，以降低表面粗糙度，保证工件圆柱度。

（2）指令格式

```
G04 P (X /U)__;
```

其中：P、X、U ——暂停时间。

（3）注意事项

① X、U 后面可用小数，P 后面不允许用小数。

② X、U 后面时间单位为秒（s），P 后面时间单位为毫秒（ms）。

三、检测量具

和前面任务比较，本任务需要使用外径千分尺，下面从应用、结构、使用方法、读数和使用注意事项等方面加以介绍。

1．外径千分尺应用

外径千分尺是一种比游标卡尺更为精密的量具。常用的外径千分尺可以测量零件的外径、凸肩厚度、板厚和壁厚等。

2．外径千分尺结构

外径千分尺结构如图 1-3-7 所示。

3．使用方法

① 测微螺杆与测砧接触，检测微分筒的零线是否与固定套筒的零线对齐。

② 左手握住工件，右手拿住千分尺。

③ 将物体放在测砧与测微螺杆之间，然后旋转棘轮旋柄，听到三声响后，核实测微螺杆和测砧与工件接触是否良好。

4．读数

以图 1-3-8 为例，千分尺读数方法分为如下三个步骤。

第一步：以微分筒的端面为基准线，读出固定套筒上的数值（8.5 mm）；

第二步：以固定套筒上的中心线作为读数基准线，读出微分筒与固定套筒的基准线对齐的刻线数，将其乘以 0.01（0.380 mm）；

第三步：两部分的数值相加即为测量的实际尺寸（8.880 mm）。

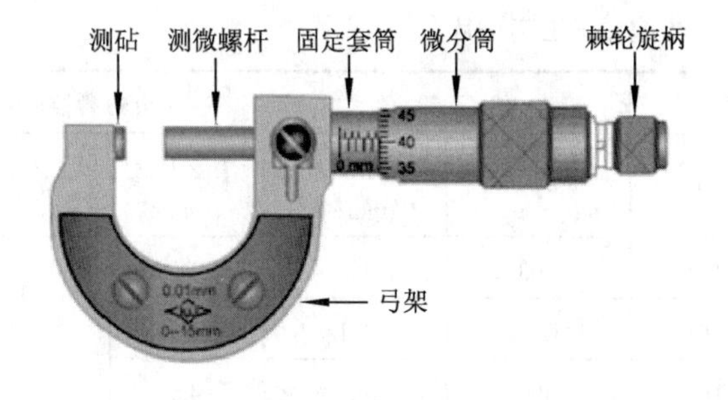

图 1-3-7　外径千分尺

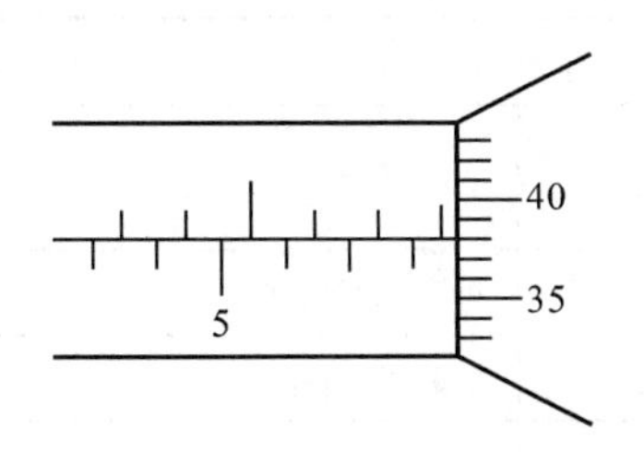

图 1-3-8　千分尺读数

5．注意事项

① 不能测量旋转的工件，这样会造成严重损坏。

② 测量前被测工件表面应擦干净。

③ 测量时，应该握住弓架，旋转微分筒的力量要适当。

④ 放置千分尺前，要使测微螺杆离开测砧，用布擦净千分尺外表面，并抹上黄油。

任务实施

一、图样分析

该零件为带槽的轴类零件，零件加工面有外圆，凸凹圆弧，两个宽度、深度不等的槽及左倒角等，外圆加工精度较高，表面粗糙度为 *Ra*1.6 μm，其他加工表面粗糙度为 *Ra*3.2 μm。

二、加工工艺方案制订

1．加工方案

① 采用三爪自定心卡盘装夹，零件伸出卡盘 62 mm 左右。

② 加工零件右侧外轮廓至尺寸要求。

③ 加工槽。

④ 加工左倒角、切断。

2．刀具选用

零件数控加工刀具如表 1-3-1 所示。

表 1-3-1 数控加工刀具卡片

零件名称		槽的加工		零件图号			图 1-3-1
序号	刀具号	刀具名称	数量	加工表面	刀尖半径 *R*/mm	刀尖方位 *T*	备注
1	T01	外圆右偏刀	1	外圆、右倒角	0．4	3	
2	T02	切槽刀	1	切槽、左倒角、切断			刀宽 4.5 mm

3．加工工序

零件数控加工工序如表 1-3-2 所示。

表 1-3-2 数控加工工序卡片

夹具名称		三爪自定心卡盘	使用设备		CK6150 数控车床	
工步号	工步内容	刀具号	主轴转速 $n/(\mathrm{r \cdot min^{-1}})$	进给量 $F/(\mathrm{mm \cdot r^{-1}})$	背吃刀量 a_p/mm	备注
1	粗车右侧外轮廓	T01	600	0.2	1.5	O131
2	精车右侧外轮廓	T01	1200	0.1	0.5	
3	切 4.5×3 槽	T02	400	0.1	4.5	
4	切 6×4 槽	T02	400	0.1	4.5	
5	切左倒角	T02	400	0.1	4.5	
6	切断	T02	400	0.05	4.5	

三、编制程序

零件加工程序如表 1-3-3 所示。

表 1-3-3　加工程序

O131	
G40 G97 G99 M03 S600 F0.2;	取消刀具半径补偿，取消主轴恒转速度，设定每转进给量，主轴正转，转速为 600 r/min，设进给量为 0.2 mm/r
T0101;	90°偏刀至 T01 刀位
M08;	打开切削液
G00 Z5.0;	快速进刀至粗车循环起点
X35.0;	
G71 U1.5 R0.5;	设置外圆粗车循环
G71 P10 Q20 U0.5 W0.05;	
N10 G00 X0	精加工轮廓
G01 Z0;	
X19.981;	
G03 X23.981 Z-2.0 R2.0;	
G01 Z-5.0;	
G02 X29.981 W-3.0 R3.0;	
G01 Z-38.0;	
X31.981;	
Z-52.5;	
N20 X35.0;	
G00 X150.0;	返回换刀点
Z150.0;	
M05;	主轴停转
M00;	程序暂停
M03 S1200 F0.1;	主轴正转，转速为 1 200 r/min，设进给量为 0.1 mm/r
G00 G42 Z5.0;	快速进刀至精车循环起点
X35.0;	
G70 P10 Q20;	设置外圆精车循环
G00 G40 X150.0 ;	返回换刀点
Z150.0;	
T0202;	换切槽刀
M05;	主轴停转
M00;	程序暂停

续表

O131	
M03 S400 F0.1;	主轴正转，转速为 400 r/min，设进给量为 0.1 mm/r
G00 Z−22.0;	加工 4.5×3 的槽
X32.0;	
G01 X23.981;	
G04 X2.0;	
G01 X32.0;	
G00 Z−38.0;	加工 6×4 的槽
G01 X22.5;	
X32.0;	
G00 Z−36.5;	
G01 X21.981;	
Z−38.0;	
X33.0;	
G00 Z−52.5;	加工左倒角
G01 X27.981;	
X33.981;	
G00 W3.0;	
G01 X27.981 W−3.0;	
X0 F0.05;	切断
G00 X150.0;	回换刀点
Z150.0;	
M30;	程序结束

四、实际加工

1．安装切槽刀的注意事项

① 切槽刀刃与工件中心线等高，安装方法同偏刀。

② 切槽刀安装时注意刀刃平行于工件轴线，不能歪斜，否则使工件侧壁不平直，严重歪斜造成切断刀折断。

2．切槽刀对刀方法

（1）*X* 向对刀

将槽刀的切削刃与工件已切削外圆表面接触，如图 1-3-9（a）所示，进入刀具偏置补偿界面，将光标移至对应刀号行，输入接触面直径值，按【测量】键，完成 *X* 向对刀。

（2）*Z* 向对刀

将槽刀的左刀尖与工件已切削右端面接触，如图 1-3-9（b）所示，进入刀具偏置补偿界面，将光标移至对应刀号行，输入 Z0，按【测量】键，完成 Z 向对刀。

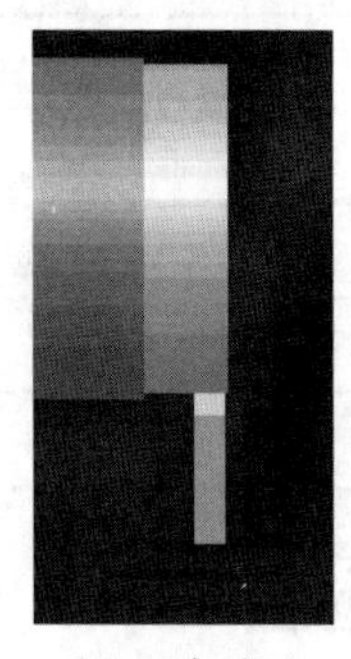

（a）X 向对刀

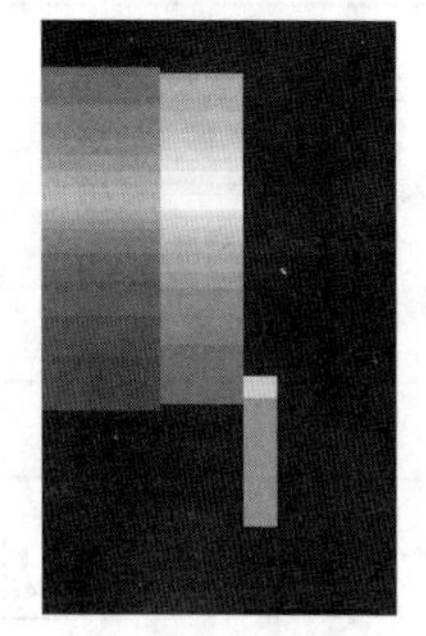

（b）Z 向对刀

图 1-3-9　切槽刀对刀图示

注意：操作中，当切槽刀接近外圆或端面时，将手轮进给倍率逐渐降低至 ×1，慢速摇动手轮进刀，直至接触表面有碎屑出现为止。

五、尺寸检测

① 使用外径千分尺测量外径尺寸。

② 使用游标卡尺测量长度及槽的尺寸。

③ 使用粗糙度样板检测粗糙度。

任务评价

任务三评价表如表 1-3-4 所示。

表 1-3-4　任务三评价表　　单位：mm

项　目	技术要求				配　分	得　分
程序编制（15%）	刀具、工序卡				5	
	加工程序				10	
加工操作（70%）	基本操作				15	
	图样尺寸	量　具	学生自测	教师检测	—	—
	$\phi32_{-0.039}^{\ 0}$	千分尺			8	
	$\phi30_{-0.039}^{\ 0}$	千分尺			8	
	4.5×3	游标卡尺			5	
	6×4	游标卡尺			5	
	48±0.1	游标卡尺			5	
	Ra1.6 μm	粗糙度样板			2	
	Ra3.2 μm	粗糙度样板			2	
	规定时间内完成				10	
	安全文明生产				10	

续表

项　目	技 术 要 求	配　分	得　分
职业能力（15%）	学习能力	5	
	表达沟通能力	5	
	团队合作	5	
总　计			

思考题与同步训练

一、思考题

1. 切槽时，进给量及主轴转速为什么要降低？
2. 如果加工的槽两端直径不相同，是什么原因造成的？
3. 切断时，常产生很大的噪声，甚至发生“崩刀”的现象，是什么原因造成的？
4. 如果要求加工圆弧表面粗糙度为 *Ra*1.6 μm，将如何保证？

二、同步训练

（一）应知训练

1. 选择题

（1）程序段 G03 X30 Z−20 I0 K−20 中，其中 *I*，*K* 表示（　　）。

A. 圆弧终点坐标　　B. 圆弧起点坐标
C. 圆心相对圆弧起点的增量　　D. 圆心坐标

（2）用圆弧插补（G02G03）指令增量编程时，U、W 是终点相对于（　　）的距离。

A. 原点　　B. 零点　　C. 始点　　D. 中点

（3）暂停指令（　　）。

A. G00　　B. G01　　C. G02　　D. G04

（4）停留 5 秒，下列指令正确的是（　　）。

A. G04 P5000　　B. G04 P50　　C. G04 P500　　D. G04 P5

（5）“G04 X2.0” 表示暂停时间为（　　）。

A. 2 秒　　B. 2 分　　C. 0.2 秒　　D. 0.002 秒

（6）外径千分尺可用于测量工件的（　　）。

A. 内径和长度　　B. 深度和孔距
C. 外径和长度　　D. 厚度和深度

2. 判断题

（　　）（1）圆弧编程中 I、K 和 R 都有正负之分。

（　　）（2）G02 与 G03 指令中 I、K 地址无方向，用绝对值表示。

（　　）（3）千分尺的测量范围有 0~25 mm，0~50 mm，25~100 mm。

（　　）（4）千分尺可以测量正在旋转的工件。

（　　）（5）精度要求不高的窄槽，可以选择刀宽等于槽宽的刀具加工。

(　　)(6)宽槽加工时不要求刀间有重叠量。

(二)应会训练

已知毛坯为 ϕ35 mm 铝棒，编写程序并加工图 1-3-10、图 1-3-11 所示工件。

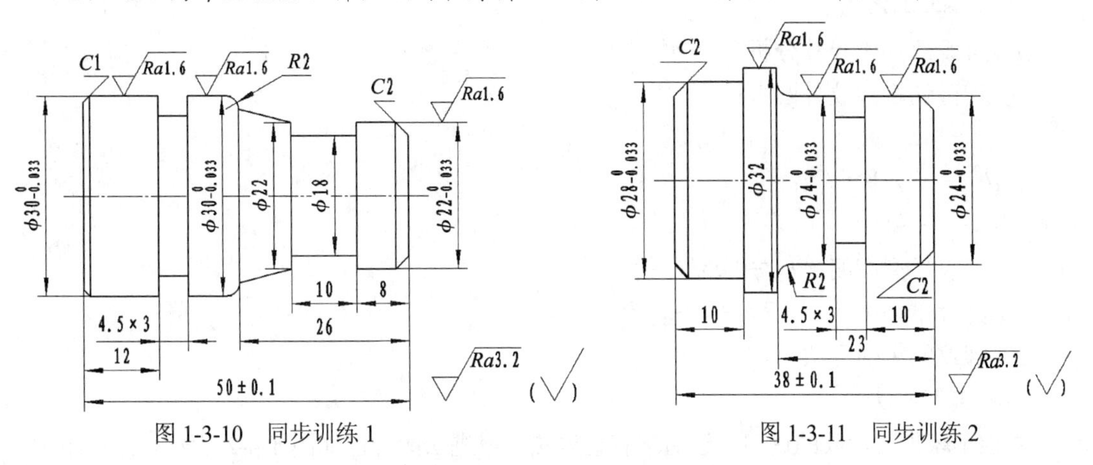

图 1-3-10　同步训练 1　　　图 1-3-11　同步训练 2

任务四　螺纹的加工

任务描述

为图 1-4-1 所示零件编写加工程序，毛坯为 ϕ35 mm 铝棒，使用数控车床加工零件，选择相应量具检测零件加工质量。

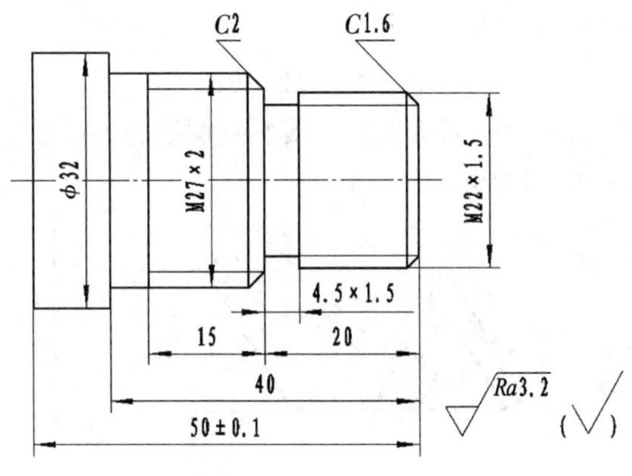

图 1-4-1　任务四零件图

任务目标

- 巩固 G92、G76 螺纹加工的数控编程指令；
- 能够正确选取螺纹加工刀具和切削用量；
- 能够编写螺纹的加工程序；
- 熟练使用数控车床加工带有螺纹的轴类零件；
- 具有选择量具检测零件加工质量的能力。

相关知识

一、加工工艺

1．外螺纹加工尺寸分析

① 实际切削螺纹外圆直径：

$$d_{实}=d-0.1P$$

式中：d —— 公称直径；

P —— 螺距。

② 螺纹牙型高度：$h_{牙}=0.65P$

③ 螺纹小径:$d_{小}=d-2h_{牙}=d-1.3P$

2．螺纹的车削方法

（1）进刀方法

数控车床加工螺纹的进刀方法通常有直进法、斜进法两种，如图 1-4-2 所示。当螺距 $P<$ 3mm 时，一般采用直进法；螺距 $P\geqslant3$ mm 时，一般采用斜进法。

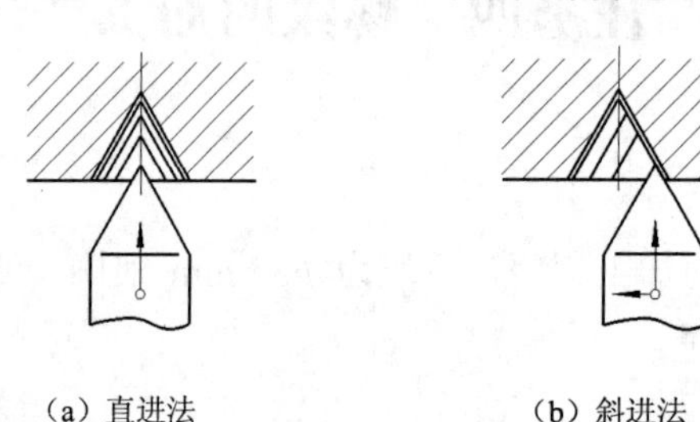

（a）直进法　　（b）斜进法

图 1-4-2　进刀方法

螺纹加工中的走刀次数和背吃刀量大小直接影响螺纹的加工质量，车削时应遵循递减的背吃刀量分配方式，如图 1-4-3 所示。

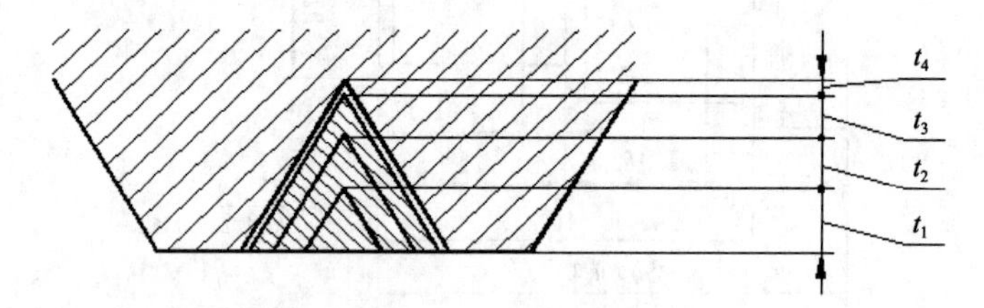

图 1-4-3　背吃刀量分配方式

（2）螺纹加工升速进刀段和减速退刀段

由于车削螺纹起始时是一个加速过程，结束前有一个减速过程，因此车螺纹时，两端必须设置足够的升速进刀段和减速退刀段。如图 1-4-4 所示 δ_1 为升速进刀段距离，一般取 2～5 mm，对大螺距和高精度的螺纹取大值；δ_2 为减速退刀段距离，一般取退刀槽宽度的一半。

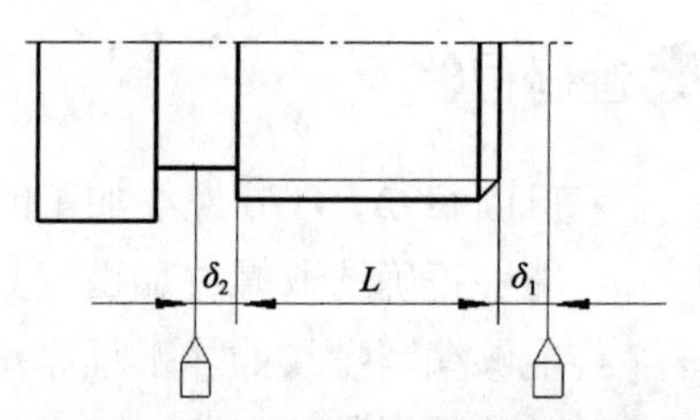

图 1-4-4　升速进刀段和减速退刀段

3．螺纹加工的切削用量

（1）主轴转速 n

数控车床加工螺纹时，主轴转速受数控系统、螺纹导程、刀具、工件尺寸和材料等多种因素影响。不同的数控系统，有不同的推荐主轴转速范围，操作者仔细查阅说明书后，根据具体情况选用。大多数经济型数控车床车削螺纹时，推荐主轴转速公式如下：

$$n \leqslant 1\,200/P-K$$

式中：P ——工件的螺距（mm）；

K ——保险系数，一般取 80；

n ——主轴转速（r/min）。

（2）切削深度或背吃刀量 a_{p}

常用螺纹加工走刀次数与分层切削量推荐值，见表 1-4-1。

表 1-4-1　分层切削量推荐值

螺距（mm）		1.0	1.5	2.0	2.5
牙深（mm）		0.65	0.975	1.3	1.625
总切深（mm）		1.3	1.95	2.6	3.25
每次背吃刀（mm）	1 次	0.7	0.8	0.9	1.0
	2 次	0.5	0.65	0.7	0.8
	3 次	0.1	0.4	0.6	0.6
	4 次		0.1	0.3	0.5
	5 次			0.1	0.25
	6 次				0.1

（3）进给量 F

① 单线螺纹的进给量等于螺距，即 $F=P$。

② 多线螺纹的进给量等于导程，即 $F=L$。

二、编程指令

和上一个任务比较，本任务需要使用 G92、G76 螺纹加工指令，下面从功能、指令格式、使用注意事项等方面加以介绍。

1．G92 螺纹切削循环指令

（1）功能

简单循环加工螺纹。

G92 指令用于单一循环加工螺纹。图 1-4-5（a）所示为圆柱螺纹循环路线。图 1-4-5（b）所示为圆锥螺纹循环路线，刀具从循环起点开始，按 A、B、C、D 进行自动循环，最后又回到循环起点 A。

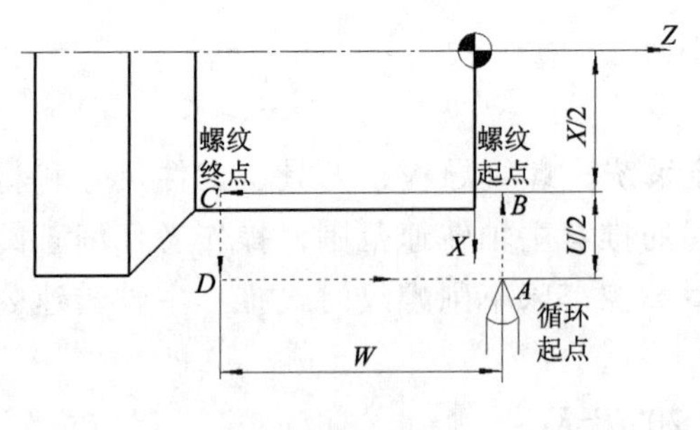

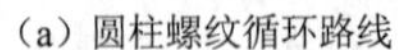
（a）圆柱螺纹循环路线

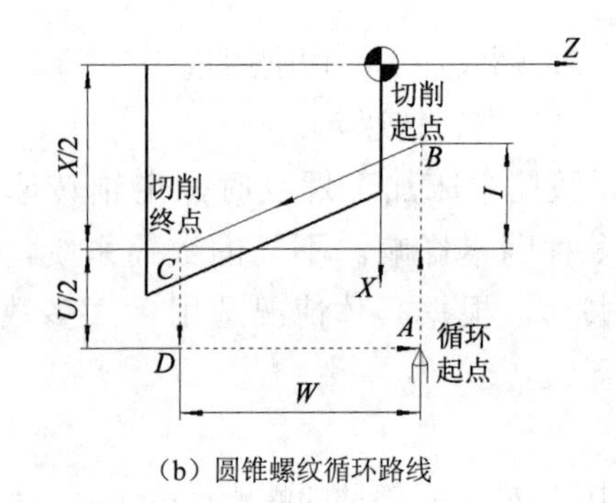

（b）圆锥螺纹循环路线

图 1-4-5　G92 循环路线

（2）指令格式

```
G92  X（U）__ Z（W）__ I（R）__ F__;
```

其中：*X*、*Z* ——螺纹终点的绝对坐标；

U、*W* ——螺纹终点相对起点的坐标；

F ——螺纹导程；

I(*R*) ——圆锥螺纹起点半径与终点半径的差值。圆锥螺纹终点半径大于起点半径时 *I*(*R*)为负值；圆锥螺纹终点半径小于起点半径时 *I*(*R*)为正值。圆柱螺纹 *I*=0 时，可省略。

（3）注意事项

① 车螺纹时不能使用恒线速度控制指令，要使用 G97 指令，粗车和精车主轴转速应一样，否则会出现乱牙现象。

② 车螺纹时进给速度倍率、主轴速度倍率无效（固定为 100%）。

③ 受机床结构及数控系统的影响，车螺纹时主轴转速有一定的限制。

2．G76 螺纹切削复合循环指令

（1）功能

用于多次自动循环切削螺纹，常用于加工不带退刀槽的螺纹和大螺距螺纹。

G76 指令用于多次自动循环切削螺纹。经常用于加工不带退刀槽的螺纹和大螺距螺纹。G76 螺纹切削复合循环路线如图 1-4-6 所示。

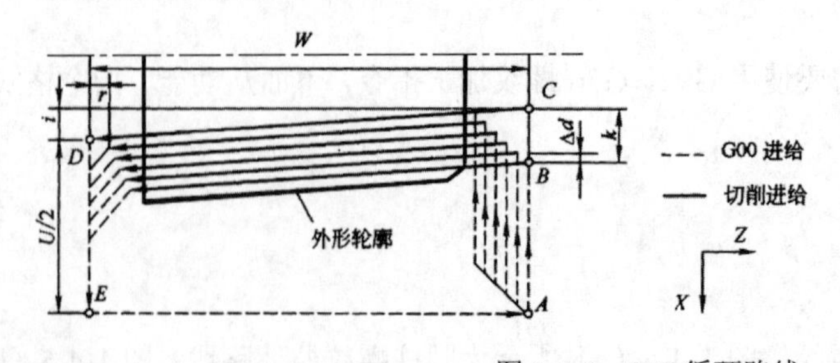

G00 进给
切削进给
Z
X
螺纹小径
第 n 刀
第二刀
第一刀
刀尖
α
d
k

图 1-4-6　G76 循环路线

（2）指令格式

```
G76 P(m)(r)(α) Q(Δdmin) R(d);
G76 X(U)__ Z(W) __R(i) P(k) Q(Δd) F(L);
```

其中：　m ——精车重复次数；

r ——螺纹尾部倒角量，用 00～99 之间的两位整数来表示；

α ——刀尖角度；

Δd_{min} ——最小车削深度，用半径值指定；

d ——精车余量，用半径值指定；

$X(U)$、$Z(W)$ ——螺纹终点坐标；

i ——螺纹部分的半径差，直螺纹 $i=0$；

k ——螺纹高度，用半径值指定；

Δd ——为第一次车削深度，用半径值指定；

L ——导程，单头为螺距。

（3）注意事项

① i、k 和 Δd 数值以无小数点形式表示。

② m、r、α、Δd_{min} 和 d 是模态量。

③ 外螺纹 $X(U)$值为螺纹小径，内螺纹 $X(U)$值为螺纹大径。

三、检测量具

和前面任务比较，本任务需要使用螺纹量规或螺纹千分尺，下面从应用、结构、使用方法、读数和使用注意事项等方面加以介绍。

1．螺纹量规

（1）应用

螺纹量规是测量内、外螺纹的常用量具。螺纹量规通常分为环规和塞规，环规用于检测外螺纹，塞规用于检测内螺纹。

（2）结构

螺纹塞规结构如图 1-4-7 所示。塞规检测内螺纹尺寸时用于通过的过端量规称为通规，用字母“T”表示；用于限制通过的止端量规称为止规，用字母“Z”表示。

图 1-4-7　螺纹塞规

螺纹环规如图 1-4-8 所示。环规检测外螺纹尺寸时用于通过的过端量规称为通规，用字母“T”表示，如图 1-4-8（a）所示；用于限制通过的止端量规称为止规，用字母“Z”表示，如图 1-4-8（b）所示。

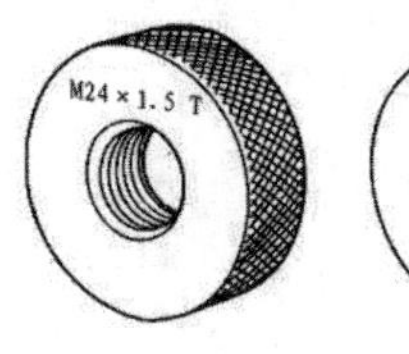

（a）通规　　（b）止规

图 1-4-8　螺纹环规

（3）使用方法

① 用螺纹通规与被测螺纹旋合，如果能够通过，就表明被测螺纹的作用中径没有超过其最大实体牙型的中径。

② 用螺纹止规与被测螺纹旋合，旋合量不超过两个螺距，即螺纹止规不完全旋合通过，表明被测螺纹的作用中径没有超出其最小实体牙型的中径，被测螺纹中径合格。

2．螺纹千分尺

（1）应用

螺纹千分尺是测量外螺纹中径的常用量具。

（2）结构

螺纹千分尺的结构如图 1-4-9 所示。螺纹千分尺的构造与外径千分尺相似。所不同的是测量头，它有成对配套的，适用于不同牙型和不同螺距的测量头。

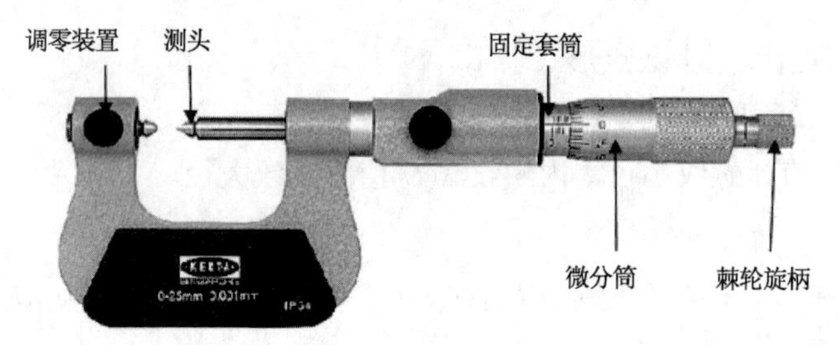

图 1-4-9　螺纹千分尺

（3）使用方法、读数和注意事项

螺纹千分尺的使用方法、读数和注意事项与千分尺基本相同。

任务实施

一、图样分析

该零件为带有螺纹的轴类零件，零件加工面有外圆、倒角及两处外径、螺距不等的螺纹，表面粗糙度为 *Ra*3.2 μm。

二、加工工艺方案制订

1．加工方案

① 采用三爪自定心卡盘装夹，零件伸出卡盘 64 mm 左右。

② 加工零件右侧外轮廓至尺寸要求。

③ 加工槽。

④ 加工螺纹。

⑤ 切断。

2．刀具选用

零件数控加工刀具如表 1-4-2 所示。

表 1-4-2　数控加工刀具卡片

零件名称	螺纹加工			零件图号	图 1-4-1		
序　号	刀具号	刀具名称	数量	加工表面	刀尖半径 *R*/mm	刀尖方位 *T*	备注
1	T01	外圆右偏刀	1	外圆、倒角	0．4	3	
2	T02	切槽刀	1	切槽、切断	—	—	刀宽 4.5 mm
3	T03	螺纹刀	1	螺纹	—	—	刀尖角 60°

3．加工工序

零件数控加工工序如表 1-4-3 所示。

表 1-4-3　数控加工工序卡片

夹具名称	三爪自定心卡盘		使用设备	CK6150 数控车床		
工步号	工步内容	刀具号	主轴转速 $n/(r\cdot min^{-1})$	进给量 $F/(mm\cdot r^{-1})$	背吃刀量 a_p/mm	备　注
1	粗车右侧外轮廓	T01	600	0.2	1.5	O141
2	精车右侧外轮廓	T01	1200	0.1	0.5	
3	切 4.5×1.5 槽	T02	400	0.1	4.5	
4	车 M22×1.5 螺纹	T03	400	1.5		
5	车 M27×2 螺纹	T03	400	2		
6	切断	T02	400	0.05	4.5	

三、编制程序

零件加工程序如表 1-4-4 所示。

表 1-4-4　加 工 程 序

O141	
G40 G97 G99 M03 S600 F0.2;	取消刀具半径补偿，取消主轴恒转速度，设定每转进给量，主轴正转，转速为 600 r/min，设进给量为 0.2 mm/r
T0101;	90° 偏刀至 T01 刀位
M08;	打开切削液
G00 Z5.0;	快速进刀至粗车循环起点
X35.0;	
G71 U1.5 R0.5;	设置外圆粗车循环
G71 P10 Q20 U0.5 W0.05;	

续表

O141	
N10 G00 X0	精加工轮廓
G01 Z0;	
X19.0;	
X21.85 Z-1.5;	
Z-20.0;	
X23.0;	
X26.8 W-2.0;	
Z-40.0;	
X32.0;	
Z-54.5;	
N20 X35.0;	
G00 X150.0;	返回换刀点
Z150.0;	
M05;	主轴停转
M00;	程序暂停
M03 S1200 F0.1;	主轴正转，转速为 1 200 r/min，设进给量为 0.1 mm/r
G00 Z5.0;	快速进刀至精车循环起点
X35.0;	
G70 P10 Q20;	设置外圆精车循环
G00 X150.0 ;	返回换刀点
Z150.0;	
T0202;	换槽刀
M05;	主轴停转
M00;	程序暂停
M03 S400 F0.1;	主轴正转，转速为 400 r/min，设进给量为 0.1 mm/r
G00 Z-22.0;	加工 4.5 mm×1.5 mm 的槽
X28.0;	
G01 X19.0;	
G04 X2.0;	
G01 X23.0;	

续表

O141	
G00 X150.0;	返回换刀点
Z150.0	
T0303;	换螺纹刀
M05;	主轴停转
M00;	程序暂停
M03 S400;	主轴正转，转速为 400 r/min
G00 Z5.0;	快速进刀至 M22×1.5 螺纹循环起点
X23.0;	
G92 X21.2 Z-18.0 F1.5;	使用 G92 指令加工 M22×1.5 螺纹
X20.7;	
X20.2;	
20.05;	
20.05;	
G00 X28.0;	快速进刀至 M27×2 螺纹循环起点
Z-16.0;	
G76 P020060 Q50 R0.1;	使用 G76 指令加工 M27×2 螺纹
G76 X24.4 Z-35.0 P1300 Q450 F2.0;	
G00 X150.0;	回换刀点
Z150.0;	
M05;	主轴停转
M00;	程序暂停
T0202;	换切槽刀
M03 S400 F0.1;	主轴正转，转速为 400 r/min，设进给量为 0.1 mm/r
G00　X34.0;	快速进刀准备切断
Z-54.5;	
G01　X0 F0.05;	切断
G00　X150.0;	回换刀点
Z150.0;	
M30;	程序结束

四、实际加工

1．螺纹车刀的安装步骤及注意事项

安装步骤如下：

① 将刀片装入刀体内。

② 旋入螺钉，并拧紧，如图 1-4-10 所示。

图 1-4-10 螺纹车刀的安装

③ 将刀杆装上刀架。

④ 固定好刀杆。

安装螺纹刀的注意事项如下：

① 装夹外螺纹车刀时，刀尖一定要对准工件中心。

② 车刀刀尖角的对称中心线必须与工件轴线垂直。

③ 刀头不要伸出过长，一般为刀杆厚度的 1.5 倍。

④ 应使螺纹刀杆垂直于工件轴线，否则会造成牙型误差，常用螺纹角度样板校对螺纹安装角度，如图 1-4-11 所示。

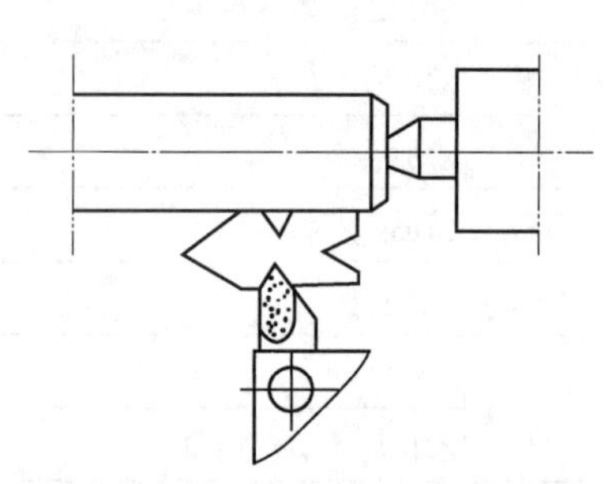

图 1-4-11 用对刀样板安装车刀

⑤ 刀尖高度方向对准工件轴线，一般以为尾座顶尖高低为准。

2．螺纹刀的对刀方法

（1）*X* 向对刀

用螺纹刀切削外圆表面，测量车削部分直径。如图 1-4-12（a）所示，进入刀具偏置补偿界面，将光标移至对应刀号行，输入外圆的直径值，按【测量】键，完成 *X* 向对刀。

（2）*Z* 向对刀

将螺纹刀的刀尖在外圆表面上与工件右端面对齐，如图 1-4-12（b）所示，进入刀具偏置补偿界面，将光标移至对应刀号行，输入 Z0，按【测量】键，完成 *Z* 向对刀。

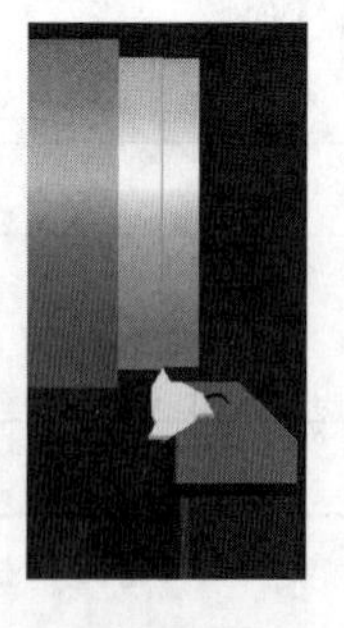

（a）*X* 向对刀

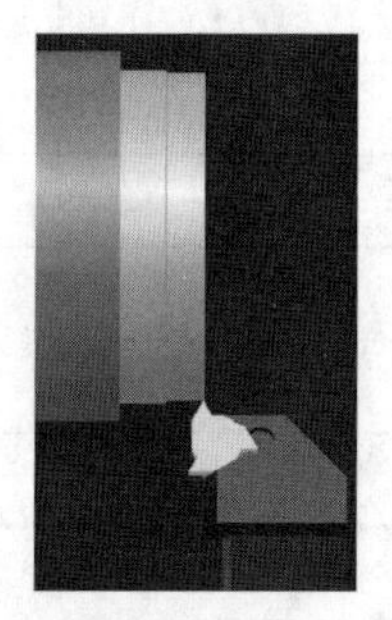

（b）*Z* 向对刀

图 1-4-12 螺纹刀对刀图示

3．加工过程

系统启动→回参考点→装夹并找正工件→装刀（T01、T02、T03）→输入表 1-4-4 程序→模拟→对刀→自动加工。

五、尺寸检测

① 使用游标卡尺测量外径、长度及槽的尺寸。

② 使用螺纹环规测量螺纹尺寸。

③ 使用粗糙度样板检测粗糙度。

任务评价

任务四评价表如表 1-4-5 所示。

表 1-4-5　任务四评价表　　单位：mm

项　目	技术要求				配　分	得　分
程序编制（15%）	刀具、工序卡				5	
	加工程序				10	
加工操作（70%）	基本操作				15	
	图样尺寸	量　具	学生自测	教师检测	—	—
	ϕ32	游标卡尺			5	
	50±0.1	游标卡尺			6	
	40	游标卡尺			4	
	20	游标卡尺			4	
	4.5×1.5	游标卡尺			6	
	M27×2	螺纹环规			8	
	M22×1.5	螺纹环规			8	
	*Ra*3.2 μm	粗糙度样板			4	
	规定时间内完成				5	
	安全文明生产				5	
职业能力（15%）	学习能力				5	
	表达沟通能力				5	
	团队合作				5	
总　计						

思考题与同步训练

一、思考题

1. 比较 G92、G76 指令在加工螺纹中的异同点。

2. 如果所加工外螺纹用通规、止规均拧不进去，该做如何修正？

3. 如果加工的外螺纹出现用通规拧不进去，止规拧得进去的现象，是什么原因造成的？

二、同步训练

（一）应知训练

1. 选择题

（1）车削普通螺纹时螺纹的牙型高度可按下面（　　）公式计算。

A. $h_{牙}$ =0.866P　　B. $h_{牙}$ =0.54P

C. $h_{牙}$ =0.65P　　D. $h_{牙}$ =1.3P

（2）安装螺纹车刀时，刀尖应与工件中心（　　），刀尖角的对称中心线（　　）工件轴线。

A. 等高　平行于　　B. 偏低　垂直于

C. 偏低　倾斜　　D. 等高　垂直于

（3）车削螺纹时升速进刀段距离 δ1 一般取（　　）。

A. 2 ~ 5 mm　B. 20 ~ 30 mm　C. 80 ~ 100 mm　D. 0

（4）在螺纹切削方式下，移动速率控制和主轴速率控制功能将被（　　）。

A. 选取　B. 改变　C. 控制　D. 忽略

（5）在 FUNUC 数控车系统中 G92 是（　　）指令。

A. 端面循环　B. 外圆循环　C. 螺纹循环　D. 相对坐标

（6）用 G76 指令车削外圆柱螺纹时，格式中 X 后面的数字为螺纹的（　　）。

A. 大径　B. 小径　C. 中径　D. 公称直径

2. 判断题

（　　）（1）车削螺纹时，在保证生产效率和正常切削的情况下主轴转速选择较高。

（　　）（2）在进行螺纹加工编程时，应注意考虑螺纹的升速进刀段和减速退刀段距离，以保证准确的螺距。

（　　）（3）使用 G92 指令进行编程加工螺纹时必须每个程序段都写出 G92。

（　　）（4）分多层切削加工螺纹时，应尽可能平均分配每层切削的背吃刀量。

（　　）（5）采用 G76 指令加工螺纹时，加工过程中采用斜向进刀方式。

（　　）（6）外螺纹的公称直径是指螺纹的大径，内螺纹的公称直径是指螺纹的小径。

（二）应会训练

已知毛坯为 ϕ35 mm 铝棒，编写程序并加工图 1-4-13、图 1-4-14 所示工件。

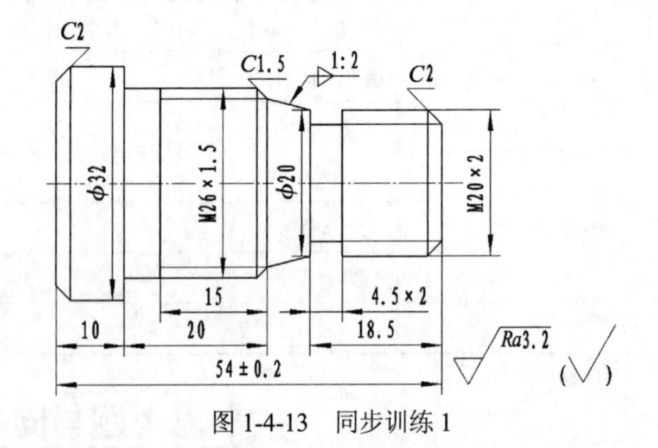

图 1-4-13　同步训练 1

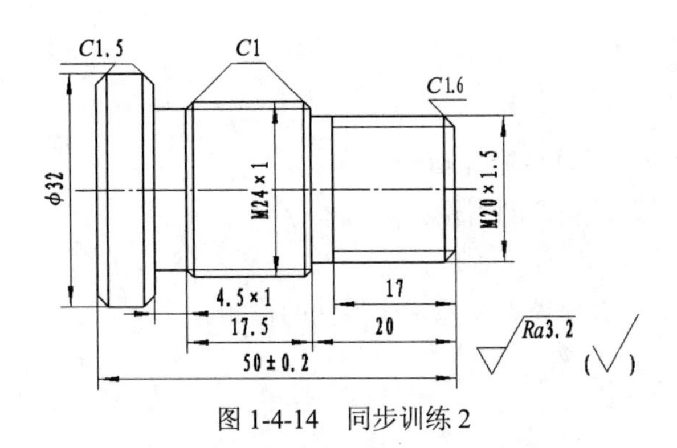

图 1-4-14　同步训练 2

任务五　盘套类零件的加工

任务描述

为图 1-5-1 所示零件编写加工程序，毛坯为 ϕ50 mm 铝棒，使用数控车床加工零件，选择量具检测零件加工质量。

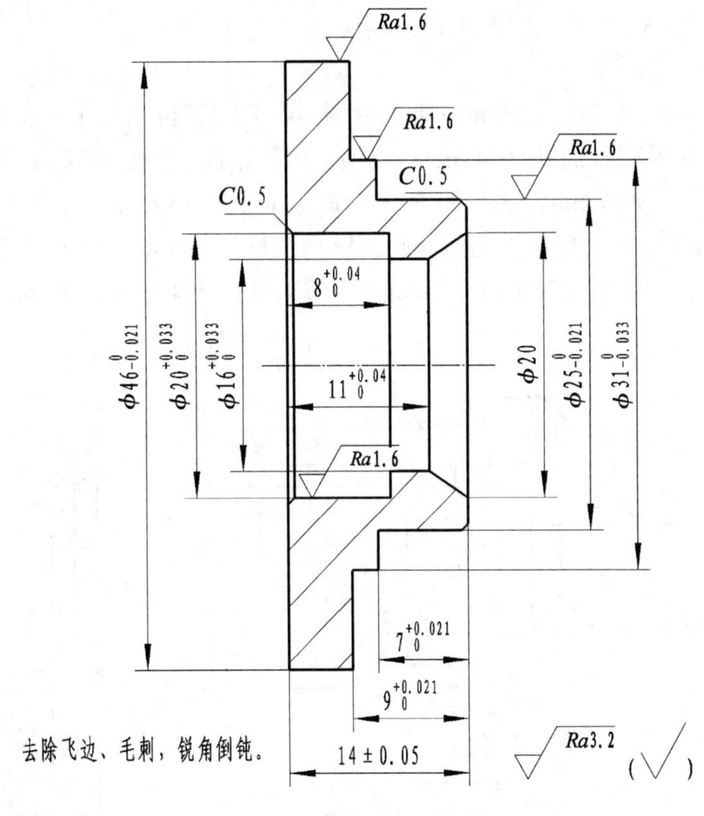

图 1-5-1　任务五零件图

任务目标

- 巩固 G72 端面粗加工复合循环指令；
- 正确选取加工用刀具和切削用量；
- 能够编写盘套类零件的加工程序；
- 使用数控车床加工盘套类零件并完成零件的检测。

相关知识

一、加工工艺

1．零件图分析

该零件图由外圆台阶、内孔台阶、内孔锥面、两侧端面组成。

2．装夹方法

先用三爪自定心卡盘装夹毛坯 $\phi50$ 一端，使毛坯外伸卡盘 10 mm，并找正，加工 $\phi25$ mm、$\phi31$ mm 外圆，$\phi16$ mm 内孔一端，并切断。再装夹 $\phi25$ mm 外圆以长度 7 mm 定位，并找正，然后加工 $\phi46$ mm 外圆，及 $\phi20$ mm 内孔。

3．工序分析

装夹毛坯外伸卡爪长度 15 mm→粗车右端面及外圆预留加工量→精车右端面及外圆→钻中心孔→使用钻头打通孔 $\phi14$ mm→粗加工内孔锥面、内孔 $\phi16$ mm 预留加工量→精加工内孔锥面、内孔 $\phi16$ mm（见图 1-5-2）→切断保证全长 15 mm→调头装夹外圆 $\phi25$ mm 外圆以 7 mm 长度定位→粗加工端面外圆预留加工量 $\phi46$ mm、14mm→精加工端面外圆→粗加工内孔预留加工量 $\phi20$ mm、8 mm→精加工内孔→保证全长 14 mm（见图 1-5-3）→卸下工件。

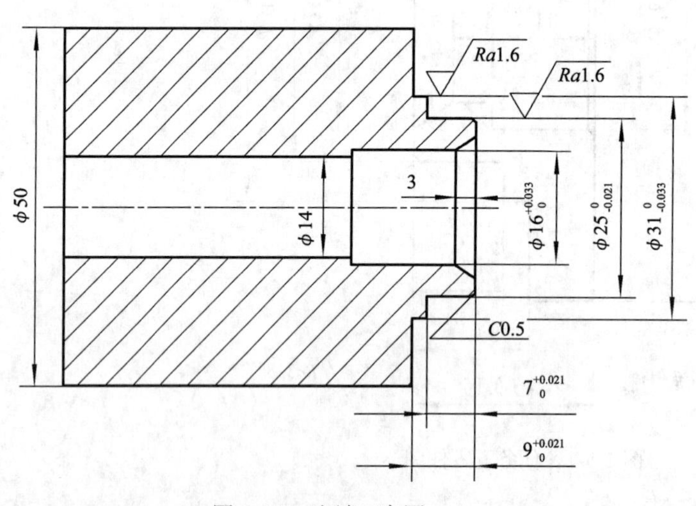

图 1-5-2　右端工序图

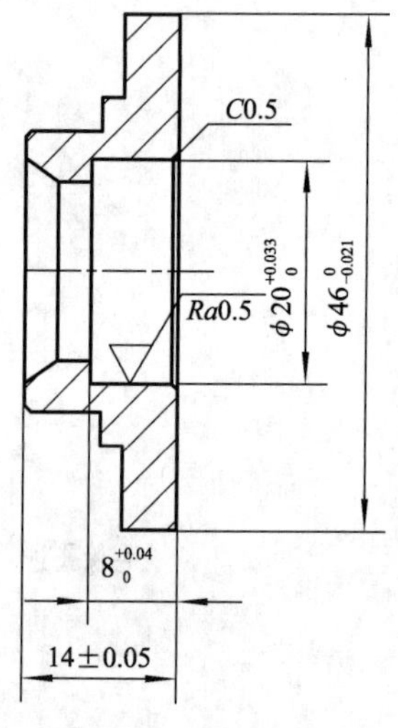

图 1-5-3　左端工序图

4．选择刀具

该零件为单件生产，为了节省换刀时间并降低加工成本，在轮廓加工时端面、外圆粗加工与端面、外圆精加工采用同一把外圆车刀，同时，内孔和内孔台阶粗加工与精加工也采用同一把内孔车刀，因此该零件在加工时只需要选用两把车刀即可。

由于首选机床为平床身平导轨前置刀架机床，加工轮廓从右向左，所以切削方向为向右，故选用右偏刀；根据机床刀架至主轴中心高度为 25 mm，选用外圆刀刀体高度为 25 mm；所加工零件内孔刀具，根据钻头所打底孔直径为 ϕ14 mm，选用内孔车刀要小于底孔直径 4 mm，内孔车刀的直径为 ϕ10 mm；由于零件为盘类零件，外圆尺寸有一定的梯度，加工外圆轮廓时为减少走刀次数，节省加工时间提高工作效率，采取径向走刀的方法，因此，选用的外圆和内孔刀具主偏角为 93°。

根据上述分析，车削外轮廓时，应选择 MCLNR2525 可转位外圆车刀，其主偏角为 93°、刀方为 25×25 mm，可转位刀片为 CNMG120404、刀片牌号为 YT15。车削内轮廓时，选择 S10K-SCLCR06 可转位内孔车刀，其主偏角为 93°、刀具外径为 ϕ10 mm，可转位刀片为 CCMT060204、刀片牌号为 YT15。

二、编程指令

和上一个任务比较，本任务为盘类零件，外圆尺寸有一定的梯度，加工外圆轮廓时为减少走刀次数，节省加工时间提高工作效率，应采取径向走刀的方法。需要使用 G72 端面粗加工复合循环指令，下面从功能、指令格式、使用注意事项等方面加以介绍。

1．功能

该指令只需指定粗加工背吃刀量、退刀量、精加工余量和精加工路线，系统便可自动给出粗加工路线和加工次数，完成盘类零件的粗加工。图 1-5-4 所示为 G72 指令循环加工路线。其中 *A* 为刀具循环起点，执行粗加工复合循环时，刀具从 *A* 点移动到 *C* 点，粗车循环结束后，刀具返回 *A* 点。

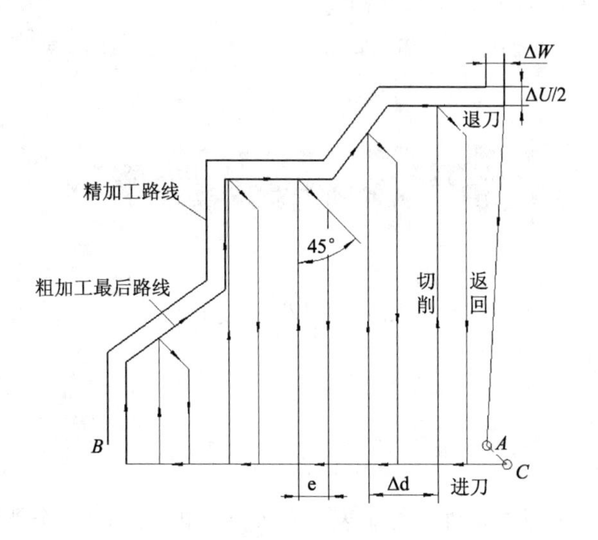

图 1-5-4　G72 指令循环路线

2．指令格式

```
G72 W (Δd) R (e);
G72 P (ns) Q (nf)  U (Δu)  W (Δw);
```

其中：Δd——Z 向的背吃刀量，不带符号且为模态值。

3．注意事项

① 使用 G72 粗加工时，包含在 *ns*～*nf* 程序段中的 F、S 指令对粗车循环无效。

② 顺序号为 *ns*～*nf* 的程序段中不能有以下指令：除 G04 外的其他 00 组 G 指令；除 G00，G01，G02，G03 外的其他 01 组 G 指令；子程序调用指令。

③ 零件轮廓必须符合 X 轴、Z 轴方向同时单调增大或单调减少。

④ *ns*～*nf* 程序段必须紧跟在 G72 程序段后编写，系统不执行在 G72 程序段与 *ns* 程序段之间的程序段。

⑤ 精加工路线第一句必须用 G00 或 G01 沿 Z 方向进刀。

三、检测量具

和前面任务比较，本任务需要使用内径千分尺，下面从应用、结构、使用方法、读数和使用注意事项等方面加以介绍。

1．应用

内径千分尺主要用于测量精度较高的孔径和槽宽等尺寸。

2．结构

内径千分尺如图 1-5-5 所示。

3．使用方法

测量时，先校准零位，然后将内径千分尺放入被测孔内，接触的松紧程度合适，读出直径的正确数值。

4．读数与注意事项

读数与注意事项与外径千分尺基本相同。

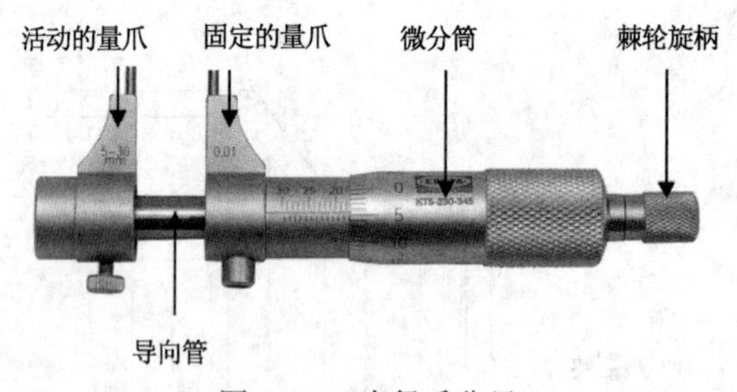

图 1-5-5　内径千分尺

任务实施

一、图样分析

图 1-5-1 所示零件为盘类零件，加工表面有外圆，内孔。除 3 个外圆表面和 1 个内孔表面要求达到 *Ra*1.6 μm 外，其余加工部位表面粗糙度为 *Ra*3.2 μm。

二、加工工艺方案制订

1．加工方案

① 采用三爪自定心卡盘装夹，零件伸出卡盘 10 mm。

② 加工零件右侧 ϕ25 mm 和 ϕ31 mm 的外轮廓至尺寸要求。

③ 加工零件右侧内轮廓至尺寸要求。

④ 调头使工件与卡盘靠牢。

⑤ 加工零件左侧外轮廓至尺寸要求。

⑥ 加工零件左侧内轮廓至尺寸要求。

2．刀具选用

零件数控加工刀具如表 1-5-1 所示。

（1）加工刀具

根据前面分析完成该零件加工所需的数控加工刀具卡片如表 1-5-1 所示。

表 1-5-1　数控加工刀具卡片

零件名称		盘类零件		零件图号		图 1-5-1	
序号	刀具号	刀具名称	数量	加工表面	刀尖半径 R/mm	刀尖方位 T	备　注
1	T01	主偏角 93° 外圆车刀	1	粗、精车左端外轮廓	0.4	3	刀尖角 80°
2	T02	切断刀	1	切断工件	—	—	
3	T03	镗孔刀	1	内表面	0.4	2	刀尖角 80°

（2）加工工序

根据前面分析完成该零件加工所需的数控加工工序卡片如表 1-5-2 所示。

表 1-5-2　数控加工工序卡片

夹具名称	三爪自定心卡盘		使用设备		CK6150 数控车床	
工步号	工步内容	刀具号	主轴转速 $n/(r \cdot min^{-1})$	进给量 $F/(mm \cdot r^{-1})$	背吃刀量 a_p/mm	备　注
1	车端面（右端）	T01	600	0.1	≤1.0	手动
2	粗车右端 ϕ25 mm、ϕ31 mm 外圆轮廓	T01	600	0.2	1.5	O0151
3	精车右端 ϕ25 mm、ϕ31 mm 外圆轮廓	T01	1200	0.1	0.25	
4	钻 ϕ14 mm 的通孔		400			手动
5	粗车右端内孔轮廓	T03	600	0.15	1.5	O0152
6	精车右端内孔轮廓至尺寸要求	T03	1000	0.1	0.25	
7	切断工件		350	0.05		手动
8	调头装夹及找正，车端面至总长要求	T01	600	0.1	≤1.0	
9	粗车左端外圆轮廓	T01	600	0.2	1.5	O0153

续表

夹具名称		三爪自定心卡盘	使用设备		CK6150 数控车床	
工步号	工步内容	刀具号	主轴转速 $n/(\mathrm{r \cdot min^{-1}})$	进给量 $F/(\mathrm{mm \cdot r^{-1}})$	背吃刀量 a_p/mm	备注
10	精车左端外圆轮廓	T01	1200	0.1	0.25	
11	粗车左端内孔轮廓	T03	600	0.15	1.5	O0154
12	精车左端内孔轮廓至尺寸要求	T03	1000	0.1	0.25	

三、编制程序

零件加工程序如表 1-5-3 所示。

表 1-5-3 加工程序

O0151（右侧外轮廓程序）	
G40 G97 G99 M03 S600 F0.2;	M00;
T0101;	M03 S1200 T0101 F0.1;
G00 G42 Z0;	G00 G42 Z5.0;
X50.0;	X23.0;
G72 W1.5 R0;	G01 Z0;
G72 P10 Q20 U0.5 W0.1;	X25 W−1.0;
N10 G00 Z−9.0;	Z−7.0;
G01 X31.0;	X31.0;
Z−7.0;	Z−9.0;
X25.0;	X47.0;
Z0;	G00 G40 X150.0;
N20 G00 X50.0;	Z150.0;
G00 G40 X150.0;	M05;
Z150.0;	M30;
M05;	
O0152（右侧内轮廓程序）	
G40 G97 G99 M03 S600 F0.15;	G00 Z150.0;
T0303;	G40 X150.0;
G00 G41 X14.0;	M05;
Z5.0;	M00;
G71 U1.5 R0.5;	M03 S1000 F0.1;
G71 P10 Q20 U−0.5 W0.05;	T0303;
N10 G00 X21.0;	G00 G41 X14.0;

续表

O0152（右侧外轮廓程序）	
G01 Z0;	Z5.0;
X20.0;	G70 P10 Q20;
X16.0 Z-3.0;	G00 Z150.0;
Z-7.0;	G40 X150.0;
N20 X14.0;	M30;
O0153（左侧外轮廓程序）	
G40 G97 G99 M03 S600 F0.2;	G00 G40 X150.0;
T0101;	Z150.0;
G00 G42 Z5.0;	M05;
X50.0;	M00;
G71 U1.5 R0.5;	M03 S1200 T0101 F0.1;
G71 P10 Q20 U0.5 W0.05;	G00 G42 Z5.0;
N10 G00 X13.0;	X50.0;
G01 Z0 ;	G70 P10 Q20;
X46.0;	G00 G40 X150.0;
Z-5.5;	Z150.0;
N20 X50.0;	M30;
O0154（左侧内轮廓程序）	
G40 G97 G99 M03 S600 F0.15;	G40 X150.0;
T0303;	M05;
G00 G41 X14.0;	M00;
Z5.0;	M03 S1000 F0.1;
G71 U1.5 R0.5;	T0303;
G71 P10 Q20 U-0.5 W0.05;	GOO G41 X14.0;
N10 GO0 X21.0;	Z5.0;
G01 Z0;	G70 P10 Q20;
X20.0 W-0.5;	G00 Z150.0;
Z-8.0;	G40 X150.0;
N20 X14.0;	M30;
G00 Z150.0;	

四、实际加工

① 盘类零件在加工中往往出现端面粗糙度达不到要求、容易产生较大颤动等特殊性，

因此盘类零件的加工尽量采用从外向内沿 X 轴的正向向负向切削的方法进行加工。因此实际粗加工外轮廓采用了 G72 径向复合循环指令编程。

② 按照径向切削的方法，加工 ϕ25 mm、ϕ31 mm 外圆，直径方向留 0.5 mm 的精加工余量，然后统一进行精加工，加工效果如图 1-5-6 所示。

③ 粗精加工内孔圆锥面及 ϕ16 mm 内圆至图纸要求，加工后的效果如图 1-5-7 所示。

图 1-5-6　右端外圆

图 1-5-7　右端内孔

④ 切断零件后调头装夹工件，要保证零件已加工的端面与卡爪贴紧，依靠定位、装夹保证零件的形位公差。然后采用纵向切削的方法将总长尺寸保证在公差范围内，紧接着再将 ϕ46 mm 的外圆加工至尺寸要求，如图 1-5-8 所示。

⑤ 加工内孔全部元素至尺寸要求，如图 1-5-9 所示。

图 1-5-8　左端外圆

图 1-5-9　左端内孔

任务评价

任务五评价表如表 1-5-4 所示。

表 1-5-4　任务五评价表　　单位：mm

项　目	技 术 要 求	配　分	得　分
程序编制（15%）	刀具、工序卡	5	
	加工程序	10	
加工操作（70%）	基本操作	10	

续表

项　目	技 术 要 求				配　分	得　分
加工操作（70%）	图样尺寸	量　具	学生自测	教师检测	—	—
	$\phi25_{-0.021}^{0}$	千分尺			5	
	$\phi31_{-0.033}^{0}$	数显卡尺			5	
	$\phi46_{-0.021}^{0}$	千分尺			5	
	$\phi20_{0}^{+0.033}$	内径百分表			9	
	$\phi16_{0}^{+0.033}$	内径百分表			9	
	$7_{0}^{+0.021}$	深度千分尺			3	
	$9_{0}^{+0.021}$	深度千分尺			3	
	$8_{0}^{+0.04}$	深度千分尺			3	
	$11_{0}^{+0.04}$	深度千分尺			3	
	14 ± 0.05	游标卡尺			3	
	表面粗糙度	粗糙度样板			2	
	规定时间内完成				5	
	安全文明生产				5	
职业能力（15%）	学习能力				5	
	表达沟通能力				5	
	团队合作				5	
总　计						

思考题与同步训练

一、思考题

1. 加工盘类零件常用的走刀路线有哪些？
2. 如何防止加工中产生的颤纹、振动？
3. 盘类零件切削用量的选择与轴类零件有何区别？
4. 盘类零件加工中工艺方案制订应考虑哪些特殊因素？

二、同步训练

（一）应知训练

1. 选择题

（1）套的加工方法是：孔径较小的套一般采用（　　）方法，孔径较大的套一般采用钻、精镗方法。

A. 钻、铰　　　　B. 钻、半精镗、精镗

C. 钻、扩、铰　　　　　　　　　　D. 钻、精镗

（2）采用三爪自定心卡盘安装工件，当工件被夹住的定位圆柱表面较长时，可限制工件（　　）个自由度。

A. 三　　　B. 四　　　C. 五　　　D. 六

（3）采用数控机床加工的零件应该是（　　）。

A. 单一零件　　　　　　　　　　B. 中小批量、形状复杂、型号多变

C. 大批量　　　　　　　　　　　D. 形状简单

（4）G72 W(△d)R(e);

G72　P(ns)Q(nf)U(△u)W(△w)F(f);　中的 e 表示（　　）。

A. Z 方向精加工余量　　　　　　B. 进刀量

C. 退刀量　　　　　　　　　　　D. 精加工余量

（5）以下关于数控车削加工中的工艺路线正确的是（　　）。

A. 切断倒角→粗加工→精加工　　　B. 粗加工→切断倒角→精加工

C. 粗加工→精加工→倒角切断　　　D. 精加工→粗加工→倒角切断

2. 判断题

（　　）（1）表面粗糙度高度参数 *Ra* 值越大，表示表面粗糙度要求越高；*Ra* 值越小，表示表面粗糙度要求越低。

（　　）（2）加工零件在数控编程时，首先应确定数控机床，然后分析加工零件的工艺特性。

（　　）（3）在数控机床中，目前采用最为广泛的刀具材料是高速钢和硬质合金。

（　　）（4）工序分散就是将每道工序包括尽可能多的加工内容，从而使工序的总数减少。

（　　）（5）数控车床适宜加工轮廓形状特别复杂或难于控制尺寸的回转体零件、箱体类零件、精度要求高的回转体类零件、特殊的螺旋类零件等。

（二）应会训练

已知毛坯为 ϕ50 mm 铝棒，编写程序并加工图 1-5-10、图 1-5-11 所示工件。

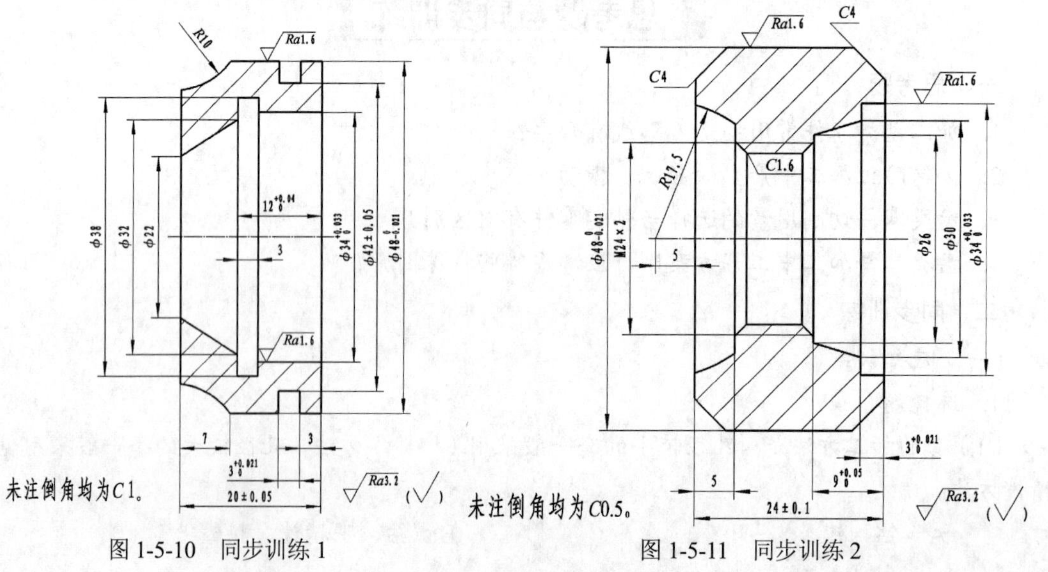

图 1-5-10　同步训练 1　　　　图 1-5-11　同步训练 2

任务六　宏程序应用

任务描述

为图 1-6-1 所示零件编写加工程序，毛坯为 ϕ35 mm×100 mm 铝棒，使用数控车床加工零件，选择量具检测零件加工质量。

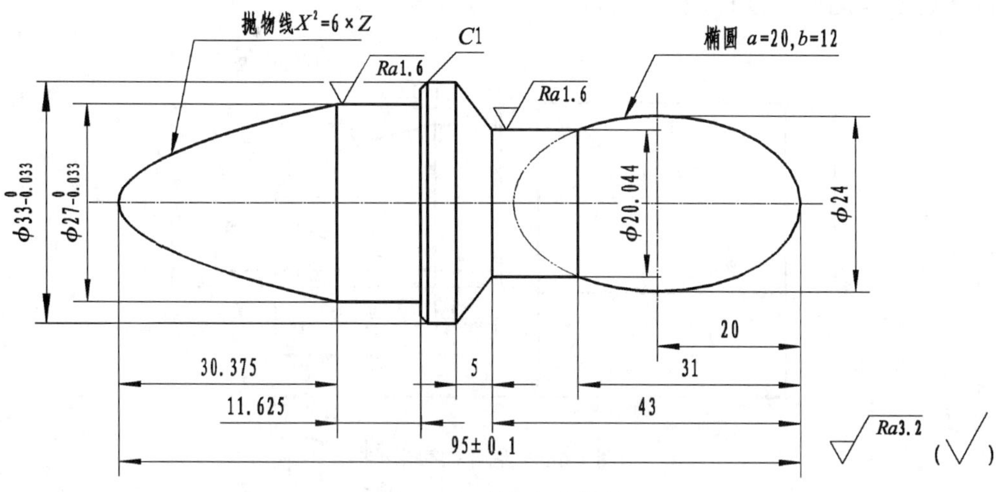

图 1-6-1　任务六零件图

任务目标

- 巩固子程序编程指令；
- 掌握 FANUC 系统 B 类宏程序指令格式及编程规范；
- 掌握数控车床宏程序编程方法；
- 正确选取加工工艺；
- 使用数控车床加工宏程序类零件并完成零件的检测。

相关知识

一、加工工艺

1．零件图分析

该零件图由外圆台阶、外圆锥面和曲面圆弧组成。

2．装夹方法

由于零件右端是椭圆曲面圆弧和锥面，无法直接装夹，左端 ϕ27 mm 外圆表面可以直接装夹，因此在加工时，需要先加工零件的左端也就是带抛物线曲面的一端。

先用三爪自定心卡盘装夹毛坯 ϕ35 一端，使毛坯外伸卡盘 60 mm，并找正，加工 ϕ27 mm、ϕ33 mm 外圆和抛物线曲面圆弧，加工总长度为 50 mm。调头装夹 ϕ27 mm 外圆，以长度

11.625 mm 定位，并以 ϕ33 mm 外圆找正，加工椭圆曲面圆弧、ϕ20.044 mm 外圆和外圆锥面。

3．工序分析

装夹毛坯外伸卡爪长度 60 mm→以分层加工的方式，粗加工零件左端外圆及抛物线曲面圆弧，预留加工量 0.5 mm→精车左端面及外圆到图纸尺寸（见图 1-6-2）→调头装夹 ϕ27 mm 外圆，以 11.625 mm 长度定位→以分层加工的方式，粗加工零件右端外圆、锥面及椭圆曲面圆弧，预留加工量 0.5 mm→精加工右端外圆、锥面及椭圆曲面圆弧到图纸尺寸→保证全长 95 mm（见图 1-6-3）→卸下工件。

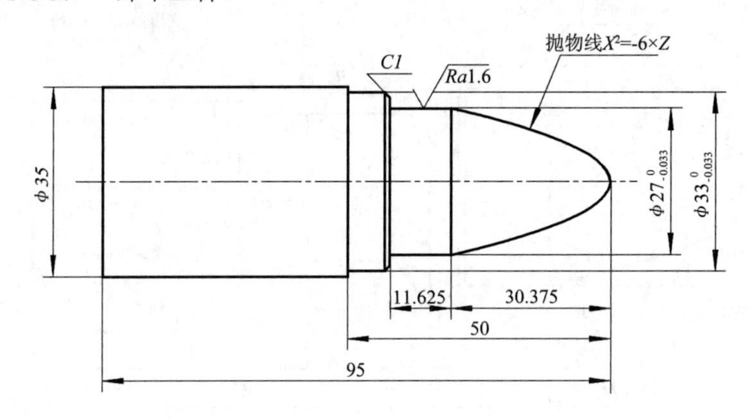

图 1-6-2　左端工序图

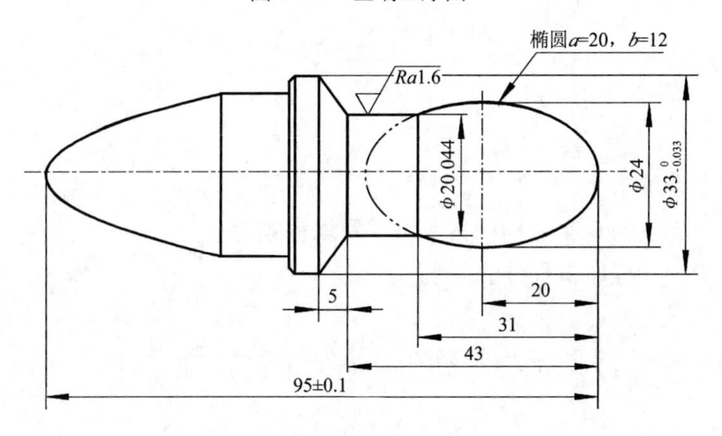

图 1-6-3　右端工序图

4．选择刀具

该零件为单件生产，为了节省换刀时间与降低加工成本，在加工左端轮廓面时，外圆粗加工与外圆精加工采用同一把外圆车刀，加工右端轮廓面时，由于椭圆曲面最大外圆为 ϕ24 mm，大于里侧外圆 ϕ20.044 mm，选择车刀时应考虑到加工时刀具与工件发生干涉，刀尖角应选择为 30°。因此该零件在加工时只需要选用两把车刀即可。

由于机床为平床身平导轨前置刀架机床，加工轮廓从右向左，所以切削方向为向右，故选用右偏刀；根据机床刀架至主轴中心高度为 25 mm，选用外圆刀刀体高度为 25 mm；由于零件为轴类零件，零件两端外圆都有曲面圆弧，外圆轮廓应沿着曲面圆弧分层加工，这样可节省加工时间提高工作效率，因此，选用的外圆刀具主偏角93°。

根据上述分析，车削左端外轮廓时，选择MCLNR2525可转位外圆车刀，其主偏角为93°、刀方为25×25 mm，可转位刀片为CNMG120404、刀片牌号为YT15。车削右端轮廓时，选择MVJNR2525可转位外圆车刀，其主偏角为93°、刀方为25×25 mm，可转位刀片为VNMG120404、刀片牌号为YT15。

二、编程指令

和上一个任务比较，本任务需要使用子程序和用户宏程序指令。

1. 子程序

（1）功能

重复的内容按照一定格式编写成子程序，简化编程。

（2）子程序调用格式

```
M98 P△△△××××;
```

其中：△△△——子程序重复调用次数，取值为1～999，1次可以省略；

××××——被调用的子程序号。

（3）注意事项

① 调用次数大于1时，子程序号前面的0不能省略。

② 主程序可以调用子程序，子程序可以调用其他子程序。

③ 子程序的编写格式与主程序基本相同，子程序结束符使用M99。

④ 子程序执行完请求的次数后返回到M98的下一句继续执行，如果子程序后没有M99，将不能返回主程序。

2. 用户宏程序

（1）宏程序功能

用户宏程序可以使用户对数控系统进行一定的功能扩展，如可以使用变量，并给变量赋值，变量之间可以运算，程序之间可以跳转。

（2）FAUNC Oi系统的用户宏程序

FAUNC Oi系统常采用B类宏程序，B类宏程序具有赋值及数学运算功能，应用范围较广。

使用用户宏程序时，数值可以直接指定或用变量指定，变量需用变量符号"#"和后面的变量号指定，如#10。

变量间可以进行算术运算，主要是指加、减、乘、除、函数等逻辑运算（比较运算）。

赋值是将一个数据赋予一个变量。例如，#10=0，则表示#10的值是0。

（3）转移和循环

① GOTO　无条件转移语句。

指令格式：GOTO *n*；*n*为顺序号（1～9999）

② IF　条件转移语句。

IF[<条件表达式>]GOTO *n* 表示如果指定的条件表达式满足时，则转移（跳转）至标有顺序号*n*（行号）的程序段。如果不满足指定的条件表达式，则顺序执行下一个程序段。

IF[<条件表达式>] THEN 表示如果指定的条件表达式满足时，则执行预先指定的宏程序语句，而且只执行一个宏程序语句。

③ WHILE 循环语句。

在 WHILE 后指定一个条件表达式，当指定条件满足时，则执行从 DO 到 END 之间的程序段，否则转到 END 后的程序段。

DO 后面的号是指定程序执行范围的标号，标号值为 1，2，3。在 DO～END 循环中的标号（1～3）可根据需要多次使用。

（4）椭圆编程基础

椭圆的标准方程为

$$\frac{x^2}{a^2}+\frac{y^2}{b^2}=1$$

将标准方程转化为机床坐标系的标准方程为

$$\frac{Z^2}{a^2}+\frac{X^2}{b^2}=1$$

假设长度方向上的变量是已知的，将机床坐标系的标准方程转化为用含有 Z 的变量来表示 X:

$$X=b\times\sqrt{a^2-Z^2}/a$$

利用条件语句及调用子程序的方法进行多余毛坯的去除（留出精加工余量），最后调用一遍子程序进行精加工。

（5）抛物线编程基础

抛物线方程 $x=-0.8y^2$ 转化为机床坐标系的标准方程为

$$Z=-0.8X^2$$

用变量 Z 来表示 X:

$$X=\sqrt{-Z/0.8}$$

利用条件语句及调用子程序的方法进行多余毛坯的去除（留出精加工余量），最后调用一遍子程序进行精加工。

三、检测量具

和前面任务比较，本任务需要使用样板近似检测椭圆和双曲线。

1．测量方法

样板是根据图纸特定要求，提前制作的一种测量工具，是利用光隙法测量的检测工具。测量时必须使样板的测量面与工件的外形轮廓完全的紧密接触，当测量面与工件的外形轮廓中间没有间隙时，工件的外形轮廓与样板上形状一致。由于是目测，故准确度不是很高，只能定性测量。

2．使用方法

检验轴类零件的特殊圆弧时，样板要放在径向界面内；检验平面形状特殊圆弧时，样板应平行于被检截面，不得前后倾倒。

使用样板检验工件圆弧的方法是：首先把样板放在被检工件的圆弧部位试测。当光隙位于圆弧的中间部分时，说明工件的圆弧大于样板的圆弧。若光隙位于圆弧的两边，说明工件的圆弧小于样板的圆弧，直到两者吻合，则此样板的圆弧就是被测工件的圆弧。

3．维护保养

样板使用后应擦净，擦拭时要从外端向工作端方向擦，切勿逆擦，以防止样板折断或者弯曲，样板要定期检定，如果样板上标明的数值不清晰时千万不要使用，以防错用。

任务实施

一、图样分析

图 1-5-1 所示零件为需要调头加工的轴类零件，加工表面除外圆、圆锥表面外，一侧包含椭圆（非圆曲线），另一侧包含抛物线（非圆曲线）。除两个外圆表面粗糙度要求达到 *Ra*1.6 μm 外，其余加工部位为 *Ra*3.2 μm。

二、加工工艺方案制订

1．加工方案

① 采用三爪自定心卡盘装夹，零件伸出卡盘 60 mm。

② 加工零件左侧外轮廓至尺寸要求。其中，先加工 ϕ27 mm 外圆，然后再加工抛物线轮廓。

③ 调头找正。

④ 加工零件右侧外轮廓至尺寸要求。其中椭圆与其他轮廓同时加工。

2．刀具选用

零件数控加工刀具如表 1-6-1 所示。

（1）加工刀具

根据前面分析完成该零件加工所需的数控加工刀具卡片如表 1-6-1 所示。

表 1-6-1 数控加工刀具卡片

零件名称		宏程序应用零件		零件图号	图 1-6-1		
序号	刀具号	刀具名称	数量	加工表面	刀尖半径 *R*/mm	刀尖方位 *T*	备注
1	T01	主偏角 93° 外圆车刀	1	粗、精车左端外轮廓	0.4	3	刀尖角 80°
2	T02	主偏角 93° 外圆车刀	1	粗、精车右端外轮廓	0.4	3	刀尖角 30°

（2）加工工序

根据前面分析完成该零件加工所需的数控加工工序卡片如表 1-6-2 所示。

表 1-6-2 数控加工工序卡片

夹具名称	三爪自定心卡盘		使用设备	CK6150 数控车床		
工步号	工步内容	刀具号	主轴转速 $n/(r\cdot min^{-1})$	进给量 $F/(mm\cdot r^{-1})$	背吃刀量 a_p/mm	备注
1	车端面	T01	600	0.1	≤1.0	手动
2	粗车左端外圆轮廓	T01	600	0.2	1.5	O0161

续表

夹具名称	三爪自定心卡盘		使用设备		CK6150 数控车床	
工步号	工步内容	刀具号	主轴转速 $n/(r \cdot min^{-1})$	进给量 $F/(mm \cdot r^{-1})$	背吃刀量 a_p /mm	备注
3	精车左端外圆轮廓	T01	1200	0.1	0.25	
4	粗车左端抛物线	T01	600	0.2	1.5	O0162
5	精车左端抛物线	T01	1200	0.1	0.25	
6	调头装夹及找正，车端面至总长要求	T01	600	0.1	≤1.0	手动
7	粗车右端椭圆和外圆轮廓	T02	600	0.2	1.5	O0163
8	精车右端椭圆和外圆轮廓	T02	1200	0.1	0.25	

三、编制程序

零件加工程序如表 1-6-3 所示。

表 1-6-3　加工程序

O0161（左侧外轮廓程序）	
G40 G97 G99 M03 S600 F0.2;	N20 X35.0;
T0101;	G00 G40 X150.0;
G00 G42 Z5.0;	Z150.0;
X35.0;	M05;
G71 U1.5 R0.5;	M00;
G71 P10 Q20 U0.5 W0;	M03 S1200 T0101 F0.1;
N10 G00 X25.0;	G00 G42 Z5.0;
G01 Z0;	X35.0;
X27.0;	G70 P10 Q20;
Z-42.0;	G00 G40 G00 X150.0;
X33.0 C1.0;	Z150.0;
W-10.0;	M30;
O0162（抛物线主程序）	
G40 G97 G99 M03 S600 F0.2;	M05;
T0101;	M00;
G00 G42 Z5.0;	M03 S1200 F0.1;
X35.0;	T0101;
G01 Z0;	G00 G42 Z5.0;
#150=10.0;	X-1.0;
N10 IF[#150 LT 1.0]GOTO 20;	G01 Z0;
M98 P0163;	X0;
#150=#150-2.0;	M98 P0163;

续表

O0162（抛物线主程序）	
GOTO 10;	G00 G40 X150.0;
N20 G00 G40 X150.0;	Z150.0;
Z150.0;	M30;
O0163（抛物线子程序）	
#101=0;	#101=#101+0.1;
#103=30.375;	END1;
WHILE[#101 LE #103]DO1;	G00 X150.0;
#102=SQRT[6.0*#101];	Z150.0;
G01 X[2*#102] Z[-#101];	M99;
O0164（工件右端）	
G40 G97 G99 M03 S600 F0.2;	M05;
T0202;	M00;
G00 G42 Z5.0;	M03 S1200 F0.1;
X35.0;	T0202;
G01 Z0;	G00 G42 Z5.0;
#150=20.0;	X-1.0;
N10 IF[#150 LT 1.0]GOTO 20;	G01 Z0;
M98 P0165;	X0;
#150=#150-2.0;	M98 P0165;
GOTO 10;	G00 G40 X150.0;
N20 G00 X150.0;	Z150.0;
Z150.0;	M30;
O0165（椭圆子程序）	
#101=20.0;	G01 Z-43.0;
WHILE[#101GE-11]DO1;	X33.0 Z-48.0;
#102=12*SQRT[20*20-#101*#101]/20;	G00 X150.0;
G01 X[2*#102] Z[#101-20];	Z150.0;
#101=#101-0.1;	M99;
END1;	

四、实际加工

① 加工左侧时一定要将 Z 向长度适当延长，以保证留有足够的空间位置进行调头压表找正。调头找正位置如图 1-6-4 所示。

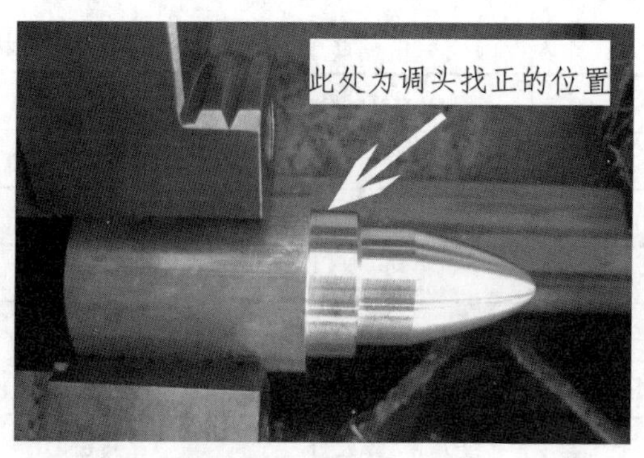

图 1-6-4　找正位置

② 调头装夹时要注意将轴肩紧靠卡爪端面，将钟面百分表压放至图 1-6-5 所示位置。根据表针摆动幅度，利用铜棒敲击相应位置将工件找正至公差范围内。

③ 按照工序步骤将工件右侧全部元素加工完毕，如图 1-6-6 所示。

图 1-6-5　百分表找正

图 1-6-6　右侧加工结果

任务评价

任务六评价表如表 1-6-4 所示。

表 1-6-4　任务六评价表　　单位：mm

<table>
<tr><th>项　目</th><th colspan="4">技 术 要 求</th><th>配　分</th><th>得　分</th></tr>
<tr><td rowspan="2">程序编制（15%）</td><td colspan="4">刀具、工序卡</td><td>5</td><td></td></tr>
<tr><td colspan="4">加工程序</td><td>10</td><td></td></tr>
<tr><td rowspan="3">加工操作（70%）</td><td colspan="4">基本操作</td><td>10</td><td></td></tr>
<tr><td>图 样 尺 寸</td><td>量　具</td><td>学生自测</td><td>教师检测</td><td></td><td></td></tr>
<tr><td>$\phi 27_{-0.033}^{0}$</td><td>千分尺</td><td></td><td></td><td>5</td><td></td></tr>
</table>

续表

项目	技术要求				配分	得分
加工操作（70%）	图样尺寸	量具	学生自测	教师检测		
	$\phi 33_{-0.033}^{0}$	千分尺			5	
	ϕ20.044	千分尺			5	
	95±0.1	游标卡尺			5	
	椭圆表面	样板			13	
	抛物线表面	样板			13	
	表面粗糙度	粗糙度样板			4	
	规定时间内完成				5	
	安全文明生产				5	
职业能力（15%）	学习能力				5	
	表达沟通能力				5	
	团队合作				5	
总计						

思考题与同步训练

一、思考题

1. 外圆粗车循环指令能否与宏程序指令同时使用，为什么？
2. 宏程序编制常用的条件判断语句有哪些，各自判断条件有何区别？
3. 宏程序轮廓与一般直线、圆弧相接时，为什么加入刀具半径补偿会偶尔产生过切报警？
4. 参数方程与标准方程编制宏程序有何区别？

二、同步训练

（一）应知训练

1. 选择题

（1）在运算指令中，形式为#i=TAN[#j]的函数表示的意义是（ ）。

A. 误差　B. 对数　C. 正切　D. 余切

（2）在运算指令中，形式为#i=FUP[#j]的函数表示的意义是（ ）。

A. 四舍五入整数化　B. 舍去小数点

C. 小数点以下舍去　D. 取整

（3）在宏程序段#1=#6/#2-#3*COS[#4]；中优先进行的运算是（ ）。

A. 函数:COS[#4]　B. 乘:#3*　C. 减:#2-　D. 除:#6/

（4）N50 GOTO 90;表示（　　）。

A. 在程序段 N50 ~ N90 之间进行有条件的程序循环

B. 在程序段 N50 ~ N90 之间进行无条件的程序循环

C. 程序有条件转向 N90 程序段

D. 程序无条件转向 N90 程序段

（5）下列地址符中不可以作为宏程序调用指令中自变量符号的是（　　）。

A. I　　B. K　　C. N　　D. H

（6）FANUC 系统中自变量赋值方法Ⅱ中只使用 A、B、C 和 I、J、K 这 6 个字母，其中 I，J，K 可重复指定（　　）次。

A. 1　　B. 10　　C. 3　　D. 5

（7）椭圆参数方程式为（　　）。

A. $X=a\times\sin\theta;Y=b\times\cos\theta$　　B. $X=b\times\cos(\theta/\mathrm{b});Y=a\times\sin\theta$

C. $X=a\times\cos\theta;Y=b\times\sin\theta$　　D. $X=b\times\sin\theta;Y=a\times\cos(\theta/a)$

2. 判断题

（　　）（1）宏程序的特点是可以使用变量，变量之间不能进行运算。

（　　）（2）FANUC 系统中，#110 属于公共变量。

（　　）（3）FANUC 系统中，用户宏程序中运算的优先顺序是：乘除、函数、加减。

（　　）（4）G65 指令的含义是调用宏程序。

（　　）（5）宏程序段：#101=#2 的含义是表示将变量#2 中的数值赋值到#101 的变量中。

（　　）（6）利用 IF[　] GOTO 语句可以实现条件转移功能。

（二）应会训练

已知毛坯为 ϕ35 mm 铝棒，编写程序并加工图 1-6-7 ~ 图 1-6-9 所示工件。

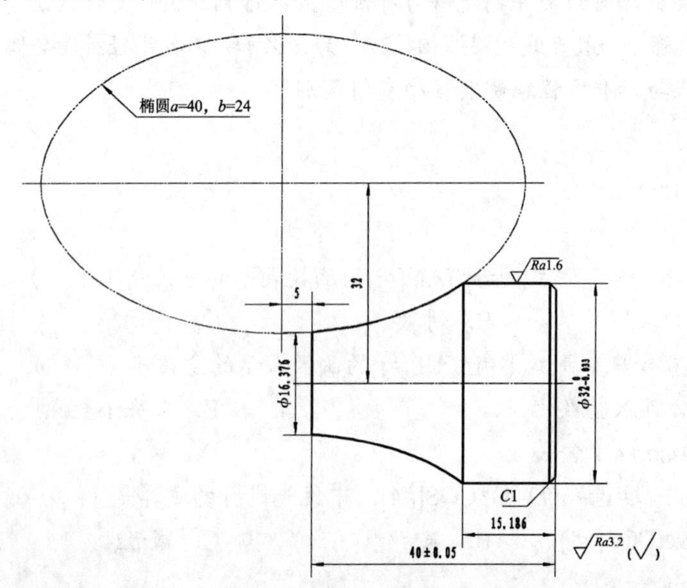

图 1-6-7　同步训练 1

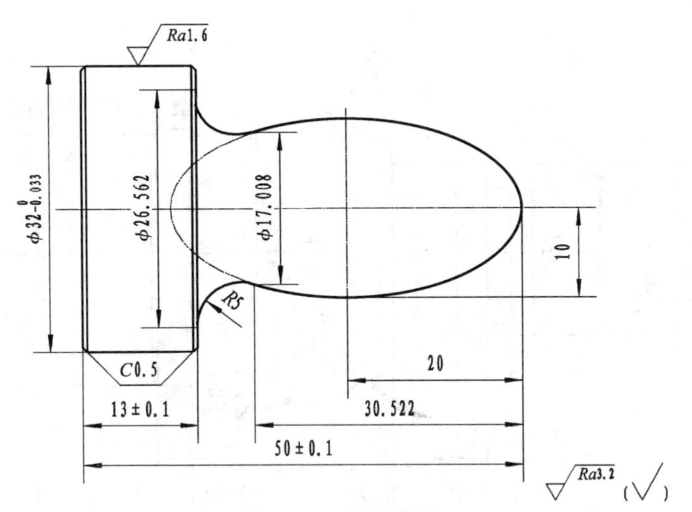

图 1-6-8　同步训练 2

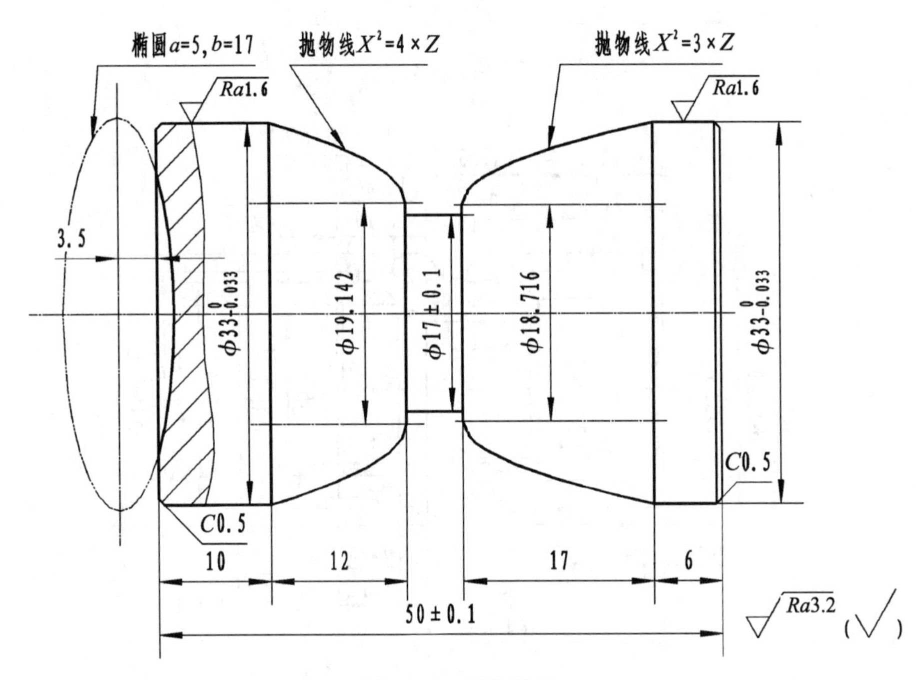

图 1-6-9　同步训练 3

任务七　零件综合加工

任务描述

为图 1-7-1 所示轴套配合零件编写加工程序，毛坯为 ϕ50 mm×97 mm 和 ϕ50 mm×60 mm 铝棒，使用数控车床加工零件，选择量具检测零件加工质量。

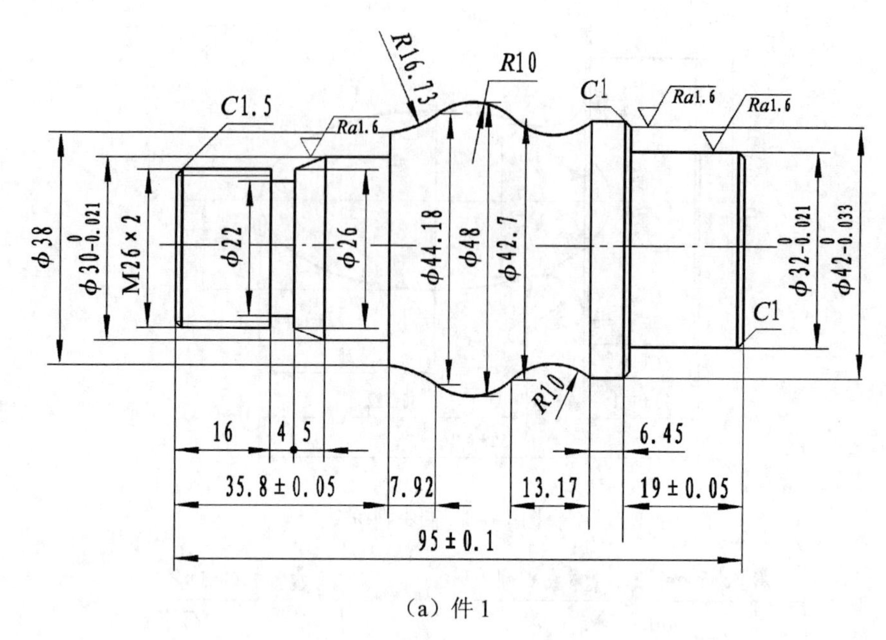

（a）件 1

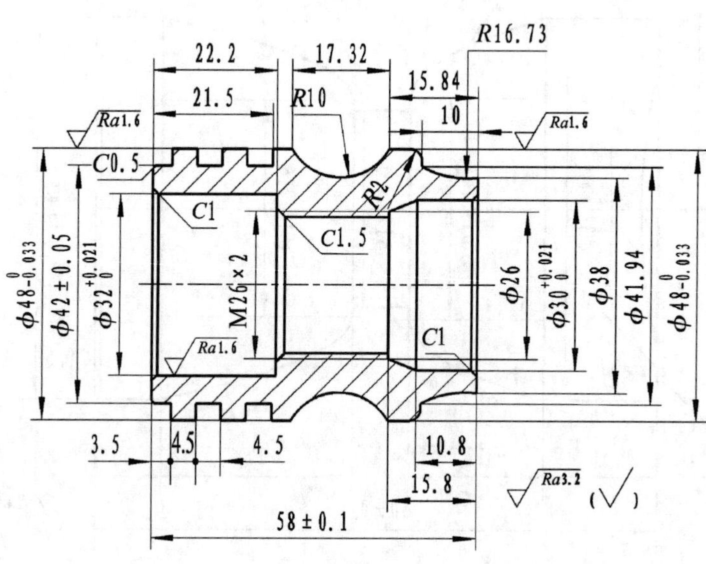

（b）件 2

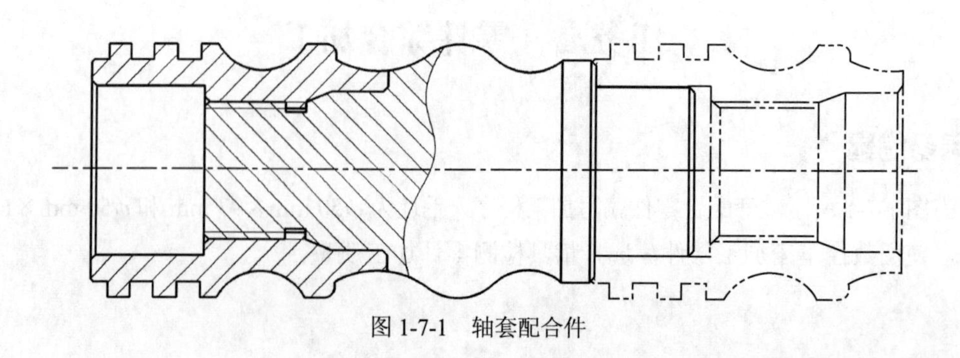

图 1-7-1　轴套配合件

任务目标

- 巩固 G02/ G03、G41/ G42/ G40 和 G73 编程指令；
- 学习提高配合件加工精度的有效方法；
- 能够分析配合零件的加工工艺；
- 使用数控车床加工配合零件；
- 学习配合尺寸的检测方法。

相关知识

一、加工工艺

1. 零件图分析

该零件可分为件 1、件 2 两个零件，件 1 的两端可以和件 2 的内孔两端相互配合，根据图纸尺寸有相应的配合要求。

件 1 的零件图外形分别由外圆台阶、外圆锥面、螺纹、退刀槽、圆弧曲面并与套的外圆曲面相连接、锐角部位均有倒角。

件 2 的零件图外形分别由外圆台阶、外圆槽、外圆圆弧曲面和轴的圆弧曲面相连接的圆弧曲面、内孔台阶、内孔螺纹、相应的各台阶倒角组成。

2. 装夹方法及加工顺序分析

两个零件可以使用三爪自定心卡盘装夹 ϕ50 mm 毛坯外圆，两个零件的圆弧曲面部位需要装配在一起同时加工。

件 1：用三爪自定心卡盘装夹毛坯 $\phi50\times97$ mm 一端，使毛坯外伸卡盘 65 mm，并找正；先加工件 1 的右端 ϕ32 mm、ϕ42 mm 外圆、保证加工长度 25.45 mm，其他外圆加工至 ϕ49 mm 长度为 60 mm，使圆弧曲面部位留出加工余量。用三爪自定心卡盘装夹毛坯 $\phi50\times97$ mm 另一端，使毛坯外伸卡盘 40 mm，并以 ϕ49 mm 外圆位置找正；加工件 1 左端 M26×2 螺纹、退刀槽、ϕ38 mm 外圆，加工长度为 35.8 mm，保证全长（95±0.1）mm，圆弧曲面部位需要两零件配合起来再加工。

件 2：用三爪自定心卡盘装夹 $\phi50\times60$ mm 毛坯外圆加工左端，毛坯外伸卡盘 35 mm 并找正，加工 ϕ42 mm、ϕ48 mm 外圆，切两个 4.5 mm 的槽、加工长度为 25 mm；内孔钻 ϕ20 mm 通孔，加工 ϕ32 mm、深度为 22.2 mm 的内孔，并加工 M26×2 内孔螺纹及其一端倒角，及各部位倒角。调头装夹 ϕ48 mm 外圆，装夹长度为 15 mm 并找正，加工 ϕ30 mm 内孔、锥面、保证工件全长尺寸（58±0.1）mm，不要卸下工件。

两零件加工完成后，去除两个零件螺纹部位的毛刺飞边，把件 1 按 M26×2 的螺纹位置进行装配，拧紧后钻中心孔并用顶尖扶正，加工件 1 的 ϕ48 mm 圆弧曲面；加工件 2 的 ϕ48 mm 外圆、圆弧曲面、R10 mm 圆弧。

二、编程指令

和上一个任务比较，本任务需要使用 G02/ G03、G41/ G42/ G40 和 G73 指令，下面从功能、指令格式、使用注意事项等方面加以介绍。

1．G02 /G03 圆弧插补指令

（1）功能

G02 为顺时针方向圆弧插补，G03 为逆时针方向圆弧插补。

（2）指令格式

格式 1：用圆弧半径 *R* 指定圆心位置。

```
G02/ G03  X(U) __ Z(W)__ R__ F__;
```

格式 2：用 *I*，*K* 指定圆心位置。

```
G02/ G03  X(U) __ Z(W)__ I__ K__ F__;
```

其中：*X*、*Z*——圆弧终点的绝对坐标；

U、*W*——圆弧终点相对于圆弧起点的增量坐标；

R——圆弧半径；

I、*K*——圆心相对于圆弧起点的增量值。

（3）注意事项

① 沿圆弧所在平面（*XOZ* 平面）的垂直坐标轴的负方向（-*Y*）看，顺时针方向为 G02，逆时针方向为 G03。

② 不论是用绝对尺寸编程还是用增量尺寸编程，*I*、*K* 都是圆心相对于圆弧起点的增量值，直径编程时 *I* 值为圆心相对于圆弧起点的增量值的 2 倍。当 *I*、*K* 与坐标轴方向相反时，*I*、*K* 为负值；当 *I*、*K* 为零时可以省略；对于 *I*、*K* 和 *R* 同时指定的程序段，*R* 优先，*I*、*K* 无效。

2．G41/G42/G40 刀尖圆弧半径补偿指令

（1）功能

G40 为取消刀尖圆弧半径补偿指令，G41 为刀尖圆弧半径左补偿指令，G42 为刀尖圆弧半径右补偿指令。刀具与加工方向如图 1-7-2 所示时：顺着刀具运动方向看，工件在刀具的左边称左补偿，使用 G41 刀尖圆弧半径左补偿指令；工件在刀具的右边称右补偿，使用 G42 刀尖圆弧半径右补偿指令。

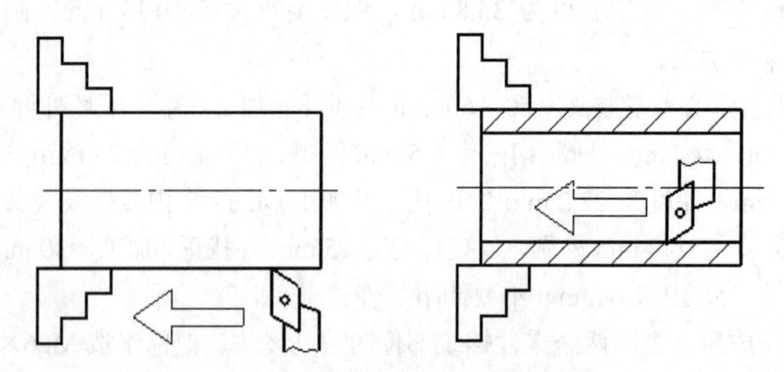

（a）工件在刀具右边使用 G42 指令　　（b）工件在刀具左边使用 G41 指令

图 1-7-2　G41 与 G42 选择

（2）指令格式

```
G41/G42/G40  G01/G00  X(U)__Z(W)__F__;
```

其中：X（U）、Z（W）——建立或取消刀尖圆弧半径补偿段的终点坐标；

F——指定 G01 的进给速度。

（3）注意事项

① 通过直线运动建立或取消刀补。

② 在 G41、G42、G40 所在程序段中，X 或 Z 至少有一个值变化，否则发生报警。

③ G41、G42 不能同时使用，即在程序中，前面程序段有了 G41 就不能继续使用 G42，必须先用 G40 指令解除 G41 刀补状态后，才可使用 G42 刀补指令。

3．G73 固定形状粗加工复合循环指令

（1）功能

G73 指令适用于粗车轮廓形状与零件轮廓形状基本接近的铸造、锻造类毛坯。该指令只需要指定粗加工循环次数、精加工余量和精加工路线，系统自动算出粗加工的切削深度，给出粗加工路线，完成各表面的粗加工。G73 指令粗车循环路线如图 1-7-3 所示。

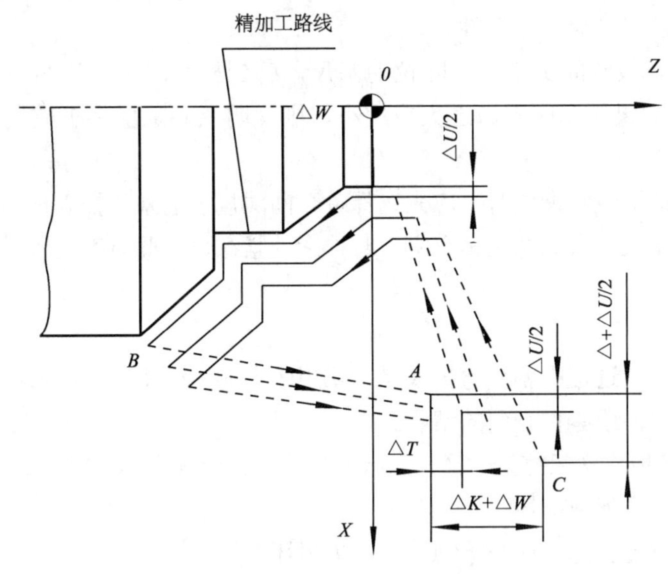

图 1-7-3　G73 指令循环路线

（2）指令格式

```
G73  U(Δi) W(Δk) R(d);
G73  P(ns) Q(nf) U(Δu) W(Δw);
```

其中：Δi —— X 方向总退刀量，用半径值指定；

Δk —— Z 方向总退刀量；

d —— 循环次数；

ns —— 精加工轮廓程序段中的开始程序段号；

nf —— 精加工轮廓程序段中的结束程序段号；

Δu —— X 方向上的精加工余量，用半径值指定，一般取 0.5 mm；

Δw —— Z 方向上的精加工余量，一般取 0.05～0.1 mm。

（3）注意事项

① 与 G71 基本相同，不同之处是可以加工任意形状轮廓的零件。

② G73 也可以加工未去除余量的棒料，但是空走刀较多。

③ *ns*、*nf* 程序段不必紧跟在 G73 程序段后编写，系统能自动搜索到 *ns* 程序段并执行，完成 G73 指令后，会接着执行紧跟 *nf* 程序段的下一程序段。

三、检测量具

和前面任务比较，本任务需要使用塞尺检测加工间隙。

1．应用

塞尺又称测微片或厚薄规，是用于检验间隙的测量器具之一， 横截面为直角三角形，在斜边上有刻度，利用锐角正弦直接将短边的长度表示在斜边上，这样就可以直接读出缝的大小了。

2．使用方法

（1）用干净的布将塞尺测量表面擦拭干净，不能在塞尺沾有油污或金属屑的情况下进行测量，否则将影响测量结果的准确性。

（2）将塞尺插入被测间隙中，来回拉动塞尺，感到稍有阻力，说明该间隙值接近塞尺上所标出的数值；如果拉动时阻力过大或过小，则说明该间隙值小于或大于塞尺上所标出的数值。

（3）进行间隙的测量和调整时，应先选择符合间隙规定的塞尺插入被测间隙中，然后一边调整，一边拉动塞尺，直到感觉稍有阻力时拧紧锁紧螺母，此时塞尺所标出的数值即为被测间隙值。

3．维护保养

（1）不允许在测量过程中剧烈弯折塞尺，或用较大的力硬将塞尺插入被检测间隙，否则将损坏塞尺的测量表面或零件表面的精度。

（2）使用完后，应将塞尺擦拭干净，并涂上一薄层工业凡士林，然后将塞尺折回夹框内，以防因锈蚀、弯曲、变形而损坏。

（3）存放时，不能将塞尺放在重物下，以免损坏塞尺。

任务实施

一、图样分析

如图 1-7-1 所示，该零件为两件双配的配合零件，件 1 为轴类零件，加工元素包括外圆、圆弧表面，工艺槽和外螺纹。件 2 为套类零件，加工元素有外圆、内孔、内螺纹。除两个外圆表面粗糙度要求达到 *Ra*1.6 μm 外，其余加工部位为 *Ra*3.2 μm。

二、加工工艺方案制订

1．加工方案（件 1）

① 采用三爪自定心卡盘装夹零件左侧，零件伸出卡盘 65 mm 左右。

② 加工零件右侧轮廓。其中加工 ϕ32 mm、ϕ42 mm 外圆至实际尺寸，其余圆弧连接部位均留出加工余量，也可将尺寸统一车至 ϕ49 mm。

③ 钻中心孔（组合加工使用）。

④ 调头找正。

⑤ 加工零件左侧外轮廓、切退刀槽及螺纹等全部轮廓至实际尺寸要求。

2．加工方案（件 2）

① 采用三爪自定心卡盘装卡零件右侧，零件伸出卡盘 35 mm 左右。

② 打中心孔、钻 ϕ20 mm 通孔。

③ 加工零件左侧外轮廓至尺寸要求（不加工凹圆弧）。

④ 加工内轮廓至尺寸要求（加工至内螺纹底孔完毕处）。

⑤ 加工 M26×2 的内螺纹。

⑥ 调头找正。

⑦ 将零件右端剩余外轮廓加工至 ϕ49 mm，其余部分待组合后加工。

⑧ 加工零件右侧剩余内孔至尺寸要求。

3．加工方案（组合件）

① 加工件 2 右端面后，将件 1 拧紧在件 2 上进行找正并顶上顶尖。

② 加工从件 1 的 ϕ42 mm 外圆起至件 2 的 R10 mm 凹圆弧止的全部尺寸至图纸要求。

4．刀具选用

件 1 数控加工刀具如表 1-7-1 所示，件 2 数控加工刀具如表 1-7-2 所示，组合加工时使用的刀具如表 1-7-3 所示。

表 1-7-1　数控加工刀具卡片（件 1）

零件名称		件 1		零件图号	图 1-7-1		
序号	刀具号	刀具名称	数量	加工表面	刀尖半径 R/mm	刀尖方位 T	备注
1	T01	主偏角 93° 外圆车刀	1	粗、精车右端外轮廓	0.4	3	刀尖角 80°
2	T02	切槽刀	1	切左端退刀槽			刀宽 4 mm
3	T03	外螺纹车刀	1	M26×2 外螺纹			刀尖角 60°
4	手动	中心钻	1	钻中心孔			A3

表 1-7-2　数控加工刀具卡片（件 2）

零件名称		件 2		零件图号	图 1-7-1		
序号	刀具号	刀具名称	数量	加工表面	刀尖半径 R/mm	刀尖方位 T	备注
1	手动	中心钻	1	钻中心孔			A3
2	手动	钻头	1	钻 ϕ20 mm 通孔			
3	T01	主偏角 93° 外圆车刀	1	粗、精车左端外轮廓	0.4	3	刀尖角 80°
4	T02	4 mm 槽刀	1	4.5 mm×3 mm 工艺槽			刀宽 4 mm

续表

零件名称		件2		零件图号		图1-7-1	
序号	刀具号	刀具名称	数量	加工表面	刀尖半径 R/mm	刀尖方位 T	备注
5	T03	镗孔刀	1	左侧内表面	0.4	2	
6	T04	内螺纹车刀	1	M26×2 内螺纹			刀尖角 60°
7	T01	主偏角 93° 外圆车刀	1	粗、精车右端外轮廓	0.4	3	刀尖角 80°
8	T03	镗孔刀	1	右侧内表面	0.4	2	

表 1-7-3　数控加工刀具卡片（组合件）

零件名称		组合加工件 1、2		零件图号		图1-7-1	
序号	刀具号	刀具名称	数量	加工表面	刀尖半径 R/mm	刀尖方位 T	备注
1	手动	顶尖	1				
2	T01	主偏角 93° 外圆车刀	1	粗、精车组合件的外轮廓	0.4	3	刀尖角 30°

5．加工工序

件 1 数控加工工序如表 1-7-4 所示，件 2 数控加工工序如表 1-7-5 所示，组合加工时工序如表 1-7-6 所示。

表 1-7-4　数控加工工序卡片（件 1）

夹具名称	三爪自定心卡盘		使用设备		CK6150 数控车床	
工步号	工步内容	刀具号	主轴转速 n/(r·min^{-1})	进给量 F/(mm·r^{-1})	背吃刀量 a_p/mm	备注
1	车端面（右端）	T01	600	0.1	≤1.0	手动
2	粗车右端外圆轮廓	T01	600	0.2	1.5	00171
3	精车右端外圆轮廓	T01	1 200	0.1	0.25	
4	钻中心孔	—	1 500	—	—	手动
5	调头装夹及找正，车端面至总长要求	T01	600	0.1	≤1.0	
6	粗车左端外圆轮廓	T01	600	0.2	1.5	00172
7	精车左端外圆轮廓	T01	1 200	0.1	0.25	
8	切 4 mm 退刀槽	T02	350	0.05	4	手动
9	车 M26×2 外螺纹	T03	400	2	—	00173

表 1-7-5　数控加工工序卡片（件 2）

夹具名称	三爪自定心卡盘		使用设备		CK6150 数控车床	
工步号	工步内容	刀具号	主轴转速 $n/(r \cdot min^{-1})$	进给量 $F/(mm \cdot r^{-1})$	背吃刀量 a_p/mm	备注
1	车端面	T01	600	0.1	≤1.0	手动
2	钻 ϕ20 mm 的通孔	—	400	—	—	
3	粗车左端外圆轮廓	T01	600	0.2	1.5	O0174
4	精车左端外圆轮廓	T01	1200	0.1	0.25	
5	加工 2 处 4.5×3 的工艺槽	T02	400	0.1	4	O0175
6	粗车左端内孔轮廓	T03	600	0.15	1.5	O0176
7	精车左端内孔轮廓	T03	1000	0.1	0.25	
8	车 M26×2 内螺纹	T04	400	2.0	—	O0177
9	调头装夹及找正，车端面至总长要求	—	—	—	—	手动
10	粗车右端外圆轮廓	T01	600	0.2	1.5	O0178
11	精车右端外圆轮廓	T01	1200	0.1	0.25	
12	粗车右端内孔轮廓	T03	600	0.15	1.5	O0179
13	精车右端内孔轮廓	T03	1000	0.1	0.25	

表 1-7-6　数控加工工序卡片（组合件）

夹具名称	三爪自定心卡盘		使用设备		CK6150 数控车床	
工步号	工步内容	刀具号	主轴转速 $n/(r \cdot min^{-1})$	进给量 $F/(mm \cdot r^{-1})$	背吃刀量 a_p/mm	备注
1	一夹一顶的方式装夹件 1、件 2	—	—	—	—	—
2	粗车组合件外轮廓	T01	600	0.2	1.5	O0170
3	精车组合件外轮廓	T01	1200	0.1	0.25	

三、编制程序

零件加工程序如表 1-7-7 所示。

表 1-7-7　加工程序

O0171（件 1 右侧外轮廓程序）	
G40 G97 G99 M03 S600 F0.2;	N20 X50.0;
T0101;	G00 G40 X150.0;
G00 G42 Z5.0;	Z150.0;
X50.0;	M05;
G71 U1.5 R0.5;	M00;

续表

O0171（件 1 右侧外轮廓程序）	
G71 P10 Q20 U0.5 W0.05;	M03 S1200 T0101 F0.1;
N10 G00 X-1.0;	G00 G42 Z5.0;
G01 Z0;	X50.0;
X32.0 C1.0;	G70 P10 Q20;
Z-19.0;	G00 G40 X150.0;
X49.0 C0.5;	Z150.0;
Z-60.0;	M30;
O0172（件 1 左侧外轮廓程序）	
G40 G97 G99 M03 S600 F0.2;	N20 X50.0;
T0101;	G00 G40 X150.0;
G00 G42 Z5.0;	Z150.0;
X50.0;	M05;
G71 U1.5 R0.5;	M00;
G71 P10 Q20 U0.5 W0.05;	M03 S1200 T0101 F0.1;
N10 G00 X-1.0;	G00 G42 Z5.0;
G01 Z0;	Z50.0;
X25.8 C1.5;	G70 P10 Q20;
Z-20.0;	G00 G40 X150.0;
X26.0;	Z150.0;
X30.0 W-5.0;	M30;
Z-35.8;	
O0173（件 1 外螺纹程序）	
G40 G97 G99 M03 S400;	G76 X23.4 Z-18.0 P1300 Q300 F2.0;
T0303;	G00 X150.0;
G00 Z3.0;	Z150.0;
X28.0;	M30;
G76 P020060 Q50 R0.1;	
O0174（件 2 左侧外轮廓程序）	
G40 G97 G99 M03 S600 F0.2;	N20 X50.0;
T0101;	G00 G40 X150.0;
G00 G42 Z5.0;	Z150.0;
X50.0;	M05;
G71 U1.5 R0.5;	M00;
G71 P10 Q20 U0.5 W0.05;	M03 S1200 T0101 F0.1;

续表

O0174（件 2 左侧外轮廓程序）	
N10 G00 X30.0;	G00 G42 Z5.0;
G01 Z0;	X50.0;
X42.0 C0.5;	G70 P10 Q20;
Z-3.5;	G00 G40 X150.0;
X48.0 C0.5;	Z150.0;
Z-32.0;	M30;
O0175（件 2 左侧工艺槽程序）	
G40 G97 G99 M03 S400 F0.1;	Z-12.5;
T0202;	G01 X42.0;
G00 Z-21.5;	G00 X50.0;
G01 X42.0;	W0.5;
G00 X50.0;	G01 X42.0;
W0.5;	G00 X150.0;
G01 X42.0;	Z150.0;
G00 X50.0;	M30;
O0176（件 2 左侧内轮廓程序）	
G40 G97 G99 M03 S600 F0.15;	N20 X20.0;
T0303;	G00 Z150.0;
G00 G41 X20.0;	G40 X150.0;
Z5.0;	M05;
G71 U1.5 R0.5;	M00;
G71 P10 Q20 U-0.5 W0.05;	M03 S1000 F0.1;
N10 G00 X35.0;	T0303;
G01 Z0;	G00 G41 X20.0;
X32.0 C1.0;	Z5.0;
Z-22.2;	G70 P10 Q20;
X27.0;	G00 Z150.0;
X24.0 W-1.5;	G40 X150.0;
Z-44.5;	M30;
O0177（件 2 左侧内螺纹程序）	
G40 G97 G99 M03 S400;	G76 X26.0 Z-44.5 P1300 Q300 F2.0;
T0404;	G00 Z150.0;
G00 X23.0;	X150.0;

续表

O0177（件 2 左侧内螺纹程序）	
Z3.0;	M30;
G76 P020060 Q30 R0.1;	
O0178（件 2 工件右端）	
G40 G97 G99 M03 S600 F0.2;	G00 G40 X150.0;
T0101;	Z150.0;
G00 G42 Z5.0;	M05;
X50.0;	M00;
G71 U1.5 R0.5;	M03 S1200 T0101 F0.1;
G71 P10 Q20 U0.5 W0.05;	G00 G42 Z5.0;
N10 G00 X29.0;	X50.0;
G01 Z0;	G70 P10 Q20;
X49.0;	G00 G40 X150.0;
Z−25.0;	Z150.0;
N20 X50.0;	M30;
O0179（件 2 右端内孔程序）	
G40 G97 G99 M03 S600 F0.15;	G00 Z150.0;
T0303;	G40 X150.0;
G00 G41 X20.0;	M05;
Z5.0;	M00;
G71 U1.5 R0.5;	M03 S1000 F0.1;
G71 P10 Q20 U−0.5 W0.05;	T0303;
N10 G00 X33.0;	G00 G41 X20.0;
G01 Z0;	Z5.0;
X30.0 C1.0;	G70 P10 Q20;
Z−10.8;	G00 Z150.0;
X26.0 Z−15.8;	G40 X150.0;
N20 X20.0;	M30;
O0170（组合件程序）	
G40 G97 G99 M03 S600 F0.2;	G01 Z−75.12;
T0101;	G02 X48.0 Z−92.44 R10.0;
G00 G42 Z−16.0;	N11 X50.0;
X50.0;	G00 G40 X150.0;
G73 U16.0 W0.0 R8.0;	Z0;
G73 P10 Q20 U0.5 W0;	M05;

续表

O0170（组合件程序）	
N10 G00 X38.0;	M00;
G01 X42.0 C1.0;	M03 S1200 T0101 F0.1;
Z-25.45;	G00 G42 Z5.0;
G02 X42.7 Z-38.62 R10.0;	X50.0;
G03 X44.18 Z-51.28 R10.0;	G70 P10 Q20;
G02 X41.94 Z-69.2 R16.73;	G00 G40 X150.0;
G01 X44.0;	Z150.0;
G03 X48.0 W-2.0 R2.0;	M30;

四、实际加工

① 加工件 1 右侧时，要保证 ϕ32 mm 外圆及长度方向的尺寸精度，这是保证配合精度的前提。其余外圆均加工至 ϕ49 mm，*Z* 向加工至-60 mm 处，加工效果如图 1-7-4 所示。

② 调头装夹时找正件 1 已加工表面的 ϕ49 mm 处，加工左侧外圆、圆锥、退刀槽及螺纹等轮廓至图纸尺寸要求，结果如图 1-7-5 所示。

③ 装夹件 2，注意伸出卡盘的长度，加工件 2 左侧外圆、槽、内孔及内螺纹，如图 1-7-6 所示。

图 1-7-4　件 1 右侧加工效果

图 1-7-5　件 1 左侧加工效果

图 1-7-6　件 2 左侧加工效果

④ 件 2 调头，装夹零件左侧，加工右侧内孔全部剩余轮廓，外圆尺寸加工至 ϕ49 mm，为后续加工留出余量。

⑤ 将件 1 装入件 2 并重新找正、顶上顶尖，*Z* 向退刀时回退至 *Z*0 处，以免与尾座发生干涉，如图 1-7-7、图 1-7-8 所示。

图 1-7-7　件 1 装入件 2 找正

图 1-7-8　顶上顶尖

⑥ 将两件连续过渡部分通过一个程序、一把刀具同时加工出来。加工中要注意刀具、

刀架与尾座、套筒之间的距离，以免发生干涉、碰撞等事故。最好的办法就是将 *Z* 向的定位点设定在 *Z*2～*Z*5 位置，换刀点设于 *X* 值机械坐标相对较大的位置，有足够的空间将刀架旋转至不与其他位置发生干涉即可。单独加工一个零件时不需要考虑配合尺寸，只要保证在公差范围内就可以了，可是加工配合零件时既要考虑公差，也要考虑两件之间的间隙。尤其在螺纹配合加工中更容易出现螺纹绞死的现象。因此，加工中不能够进行大进刀量的切削，最好将进刀量控制在单边 0.5 mm 以下。加工效果如图 1-7-9、图 1-7-10 所示。

图 1-7-9　加工完毕

图 1-7-10　轴套配合

⑦ 两件分离后的效果如图 1-7-11、图 1-7-12 所示。

图 1-7-11　零件 1

图 1-7-12　零件 2

任务评价

任务七评价表如表 1-7-8 所示。

表 1-7-8　任务七评价表　　单位：mm

项　目	技 术 要 求				配　分	得　分
程序编制（15%）	刀具、工序卡				5	
	加工程序				10	
加工操作（70%）	基本操作				10	
	图 样 尺 寸	量　具	学生自测	教师检测		
	件 1				22	
	$\phi42_{-0.033}^{\ 0}$	千分尺			3	
	$\phi32_{-0.021}^{\ 0}$	千分尺			3	
	$\phi30_{-0.021}^{\ 0}$	千分尺			3	
	M26×2	螺纹环规			3	
	35.8±0.05	深度游标卡尺			3	

续表

项目	技术要求				配分	得分
加工操作（70%）	19±0.05	深度游标卡尺			3	
	95±0.1	游标卡尺			3	
	表面粗糙度	粗糙度样板			1	
	件 2				22	
	$\phi48_{-0.033}^{0}$	千分尺			3	
	$\phi42\pm0.05$	游标卡尺			3	
	$\phi32_{0}^{+0.021}$	内测千分尺			3	
	$\phi30_{0}^{+0.021}$	内测千分尺			3	
	4.5 mm 槽宽	游标卡尺			3	
	M26×2	螺纹塞规			3	
	58±0.1	游标卡尺			3	
	表面粗糙度	粗糙度样板			1	
	配合				6	
	轴套配合	塞尺			2	
	圆锥配合	涂色法			2	
	连续圆弧	R 规			2	
	规定时间内完成				5	
	安全文明生产				5	
职业能力（15%）	学习能力				5	
	表达沟通能力				5	
	团队合作				5	
总计						

思考题与同步训练

一、思考题

1. 配合类零件通常具有哪些加工特点？

2. 制作装配件时，当零件 1 已经接近极限尺寸与之配合的零件 2 应该如何保证尺寸？

3. 怎样保证加工后装配零件的形位公差？

4. 表面粗糙度对于配合零件有什么影响？

二、同步训练

（一）应知训练

1. 选择题

（1）如果孔的上偏差小于相配合的轴的上偏差，而大于相配合的轴的下偏差，则此配合的性质（　　）。

A. 间隙配合　　B. 过渡配合　　C. 过盈配合　　D. 无法确定

（2）普通螺纹的配合精度取决于（　　）。

A. 公差等级与基本偏差　　B. 基本偏差与旋合长度

C. 公差等级、基本偏差和旋合长度　　D. 公差等级和旋合长度

（3）麻花钻直径大于 13 mm 时，刀柄一般做成（　　）。

A. 直柄　　B. 两体　　C. 莫氏锥柄　　D. 直柄或锥柄

（4）切削刃形状复杂的刀具，用（　　）制造比较合适。

A. 硬质合金　　B. 人造金刚石　　C. 陶瓷　　D. 高速钢

（5）确定加工路线时，（　　）是不正确的。

A. 加工路线应保证被加工工件的精度和表面质量

B. 利于简化数值计算，减少编程工作量和运算量

C. 使加工路线最短，提高加工效率

D. 先加工外形，后加工内形

（6）精加工时应首先考虑（　　）。

A. 零件的加工精度和表面质量　　B. 刀具的耐用度

C. 生产效率　　D. 机床的功率

（7）在制订零件的机械加工工艺规程时，对于单件生产，大都采用（　　）。

A. 工序集中法　　B. 工序分散法　　C. 流水作用法　　D. 其他

2. 判断题

（　　）（1）加工 M20 的螺纹时，螺纹的牙型深度应为 975 mm。

（　　）（2）用若干直线段或圆弧来逼近给定的非圆曲线，逼近线段的交点称为基点。

（　　）（3）工艺尺寸链中封闭环的确定是随着零件的加工方案的变化而改变。

（　　）（4）孔的形状精度主要有圆度和圆柱度。

（　　）（5）在基轴制中，经常使用钻头、铰刀、量规等定值刀具和量具，有利于生产和降低成本。

（二）应会训练

已知毛坯铝棒，编写程序并加工图 1-7-13 ~ 图 1-7-15 所示工件，并装配。

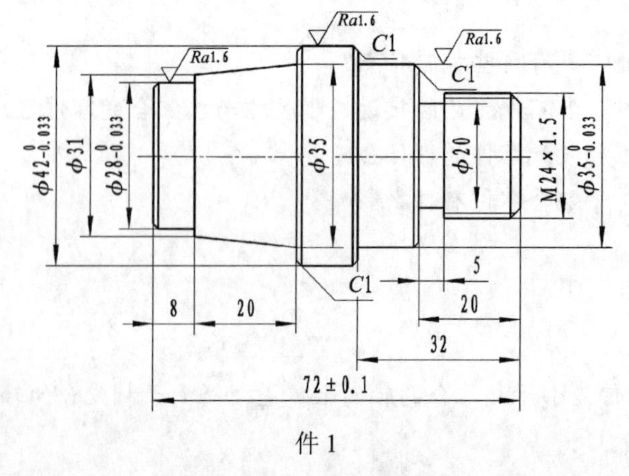

件 1

图 1-7-13　同步训练 1

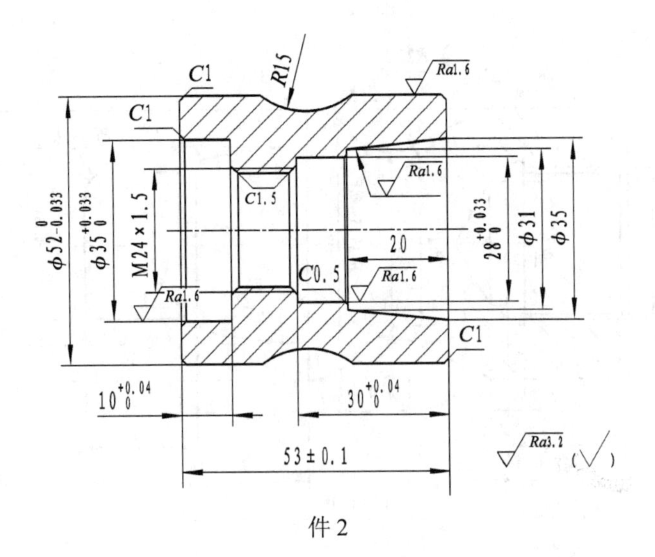

件 2

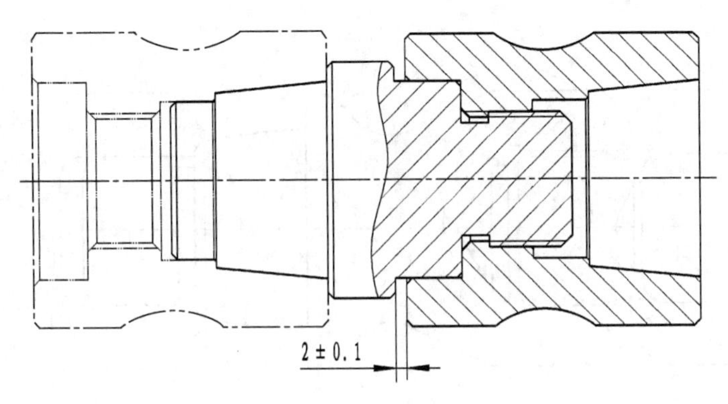

图 1-7-13　同步训练 1（续）

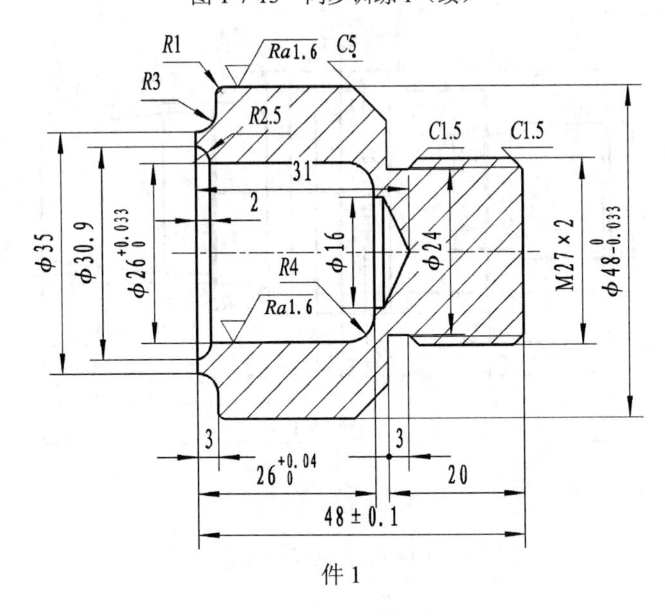

件 1

图 1-7-14　同步训练 2

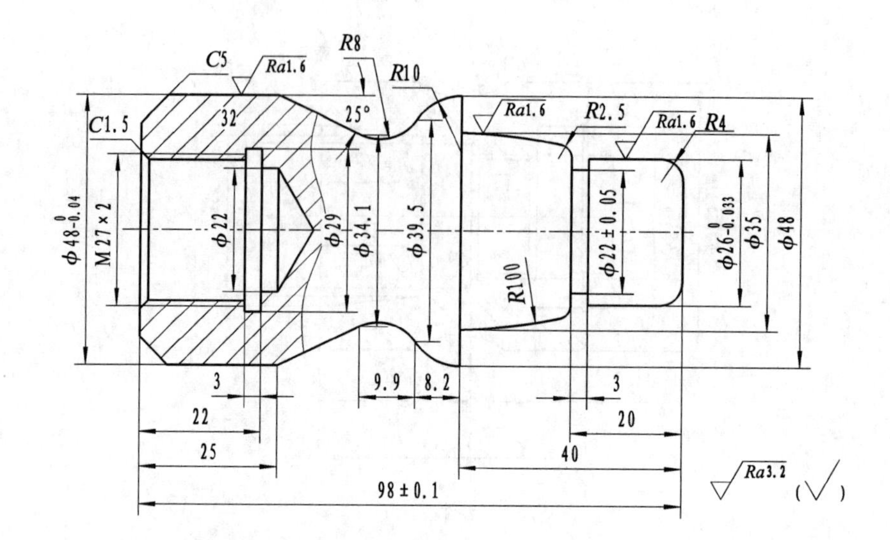

件 2

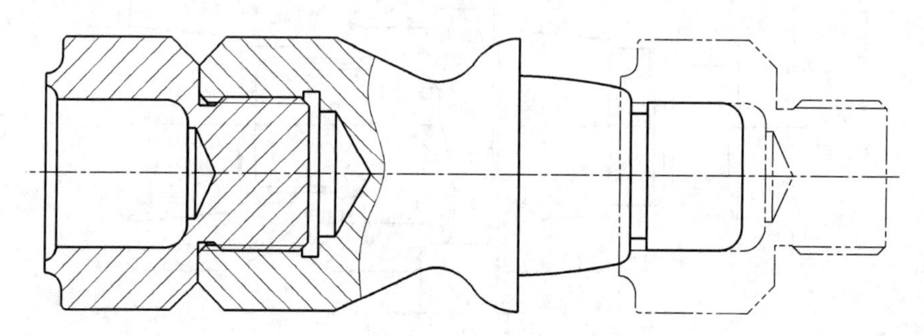

图 1-7-14　同步训练 2（续）

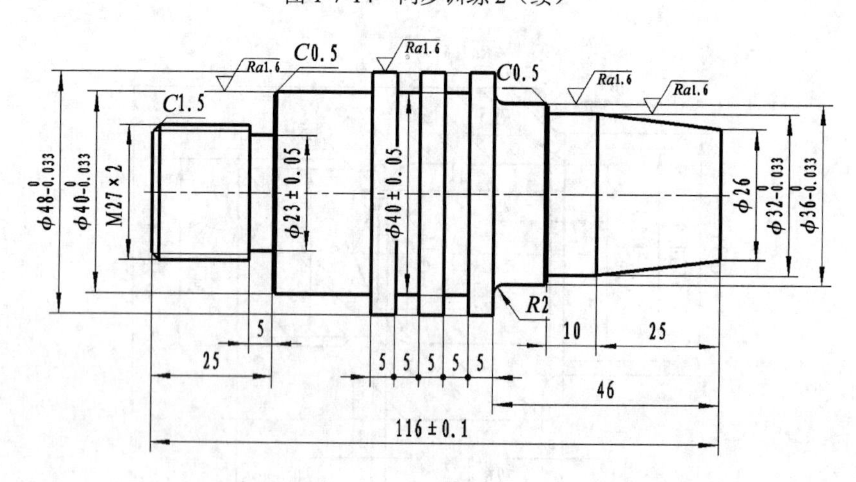

件 1

图 1-7-15　同步训练 3

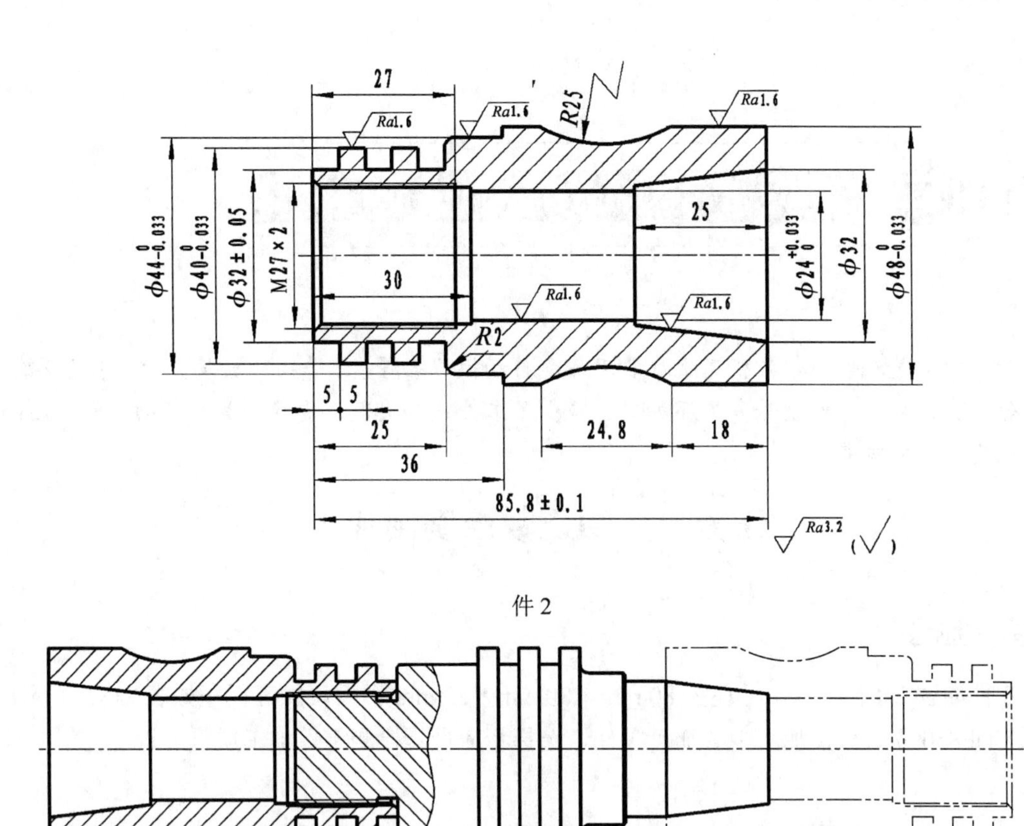

件2

图 1-7-15　同步训练 3（续）

项目二 数控加工中心铣削加工

加工中心是在普通数控机床上加装刀库和自动换刀装置，工件经一次装夹后，可完成铣、镗、钻、扩、铰、攻螺纹等多工序加工，减少了工件装卸次数、更换刀具等辅助时间，因而机床的生产效率较高。

任务一 初识数控铣削加工

任务描述

零件如图 2-1-1 所示，毛坯为 80 mm×80 mm×22 mm 铝板，加工程序如表 2-1-5 所示，使用 VDF850 立式数控加工中心加工零件，选择相应量具检测零件加工质量。

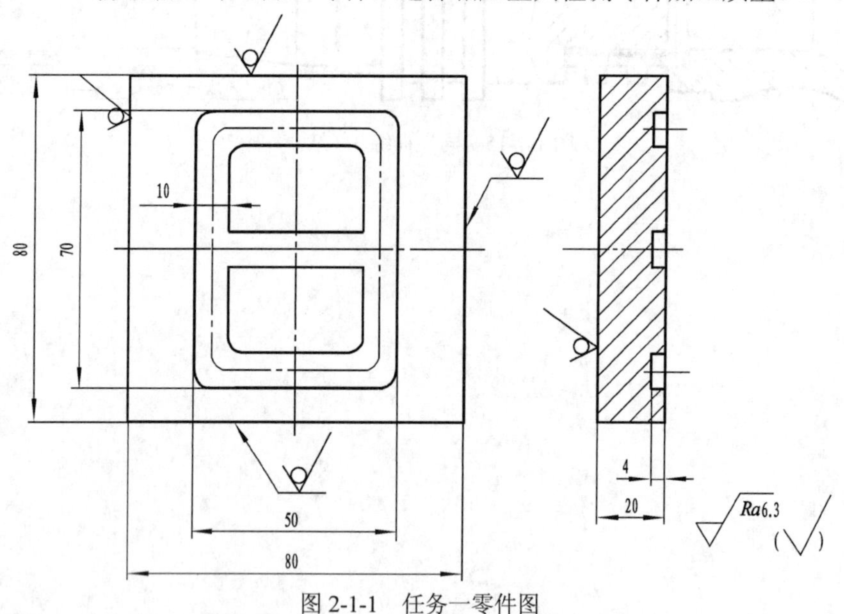

图 2-1-1 任务一零件图

任务目标

- 了解加工中心相关知识；
- 熟悉数控加工中心面板及基本操作；
- 具有使用数控加工中心加工零件的初步能力；
- 具有选择量具，检测零件加工质量的初步能力。

相关知识

一、认识数控加工中心

数控加工中心是一种功能较全的数控机床，它与普通数控机床相比较，增加了一个能够容纳 8~200 把刀的刀库，并且具有自动换刀装置，能够根据加工工艺需求，任选刀库里的刀具，自动调换到主轴上实现多工序的加工。

1．数控加工中心的分类

数控加工中心的种类较多，我们以常用的镗铣类数控加工中心为例，镗铣类数控加工中心按主轴空间位置可分为卧式、立式和万能数控加工中心。

（1）卧式数控加工中心

主轴轴线水平设置，如图 2-1-2 所示。

图 2-1-2　卧式数控加工中心

（2）立式数控加工中心

主轴的轴线竖直设置，如图 2-1-3 所示；立式加工中心应用较为广泛。

图 2-1-3　立式数控加工中心

（3）万能数控加工中心

万能数控加工中心的主轴或工作台可以旋转，如图 2-1-4 所示，一次装夹能完成除安装面外的五个面的加工。

图 2-1-4　万能数控加工中心

2．立式数控加工中心结构

图 2-1-3 所示立式数控加工中心，床身固定在底座上，用于安装机床各部件。纵向工作台、横向滑板安装在床身上，通过纵向进给伺服电动机、横向进给伺服电动机完成 *X*、*Y* 方向进给。立式数控加工中心一般具有自动刀具交换系统、全封闭式防护罩、自动润滑系统、冷却系统、手动喷枪及便携式手动操作装置。

VDF850 立式数控加工中心具有如下结构特点：

① 该机床基本配置为 *X*、*Y*、*Z* 三轴联动。

② 主电动机为伺服电动机。

③ 具有多种固定循环供用户使用。

④ 换刀由预设程序自动控制，换刀过程伴随主轴中心吹气，保持主轴锥孔和刀柄的清洁。

⑤ 机床纵向或横向运动轴采用伺服电动机驱动、精密滚珠丝杠副和高刚性轴承，导轨副采用直线滚动导轨，各运动轴响应快、精度高、寿命长。

3．立式数控加工中心加工范围

VDF850 立式加工中心功能齐全，具有直线插补、圆弧插补、三轴联动空间直线插补功能，及固定循环和用户宏程序等功能；零件一次装夹后可完成铣、镗、钻、扩、铰、攻螺纹等多工序加工。

4．VDF850 立式数控加工中心主要技术参数

VDF850 立式数控加工中心主要技术参数如表 2-1-1 所示。

表 2-1-1　VDF850 立式数控加工中心主要技术参数

项 目 名 称	参 数 值
工作台规格(长×宽)/mm	1 000×500

续表

项目名称	参数值
工作台T形槽(槽数×槽宽×槽距) /mm	5×18×100
工作台最大载重/kg	500
X、*Y*、*Z*坐标行程/mm	850/510/510
主轴中心线到立柱导轨面距离/mm	550
主轴端面至工作台上平面距离/mm	150～660
切削进给速度/ (mm·min^{-1})	1～10 000
X、*Y*、*Z*快速进给速度/ (m·min^{-1})	20/20/18
主轴转速范围/ (r·min^{-1})	60～8 000
主轴锥孔	No.4 (7/24)
主轴功率/ kW	7.5/11
刀库容量	20把(斗笠式)　24把(刀臂式)
刀柄类型	BT40
刀具最大重量/kg	7
刀具最大直径/mm	T20: ϕ100/300　T24: ϕ100/300
换刀时间(刀对刀) /s	T20:6　T24:3
机床轮廓尺寸(长×宽×高) /mm	3 118×2 280×2 520

二、数控加工中心的面板

数控加工中心面板由系统面板（见图2-1-5）和操作面板（见图2-1-6）两部分组成，图2-1-7所示为手持盒。数控系统面板按键名称与数控车床一致，如表1-1-2所示。数控加工中心操作面板按键功能如表2-1-2所示。

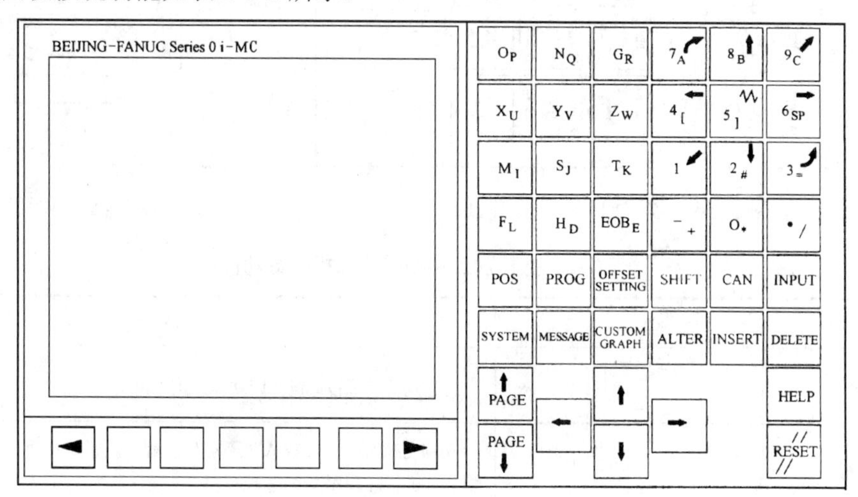

图2-1-5　数控加工中心系统面板

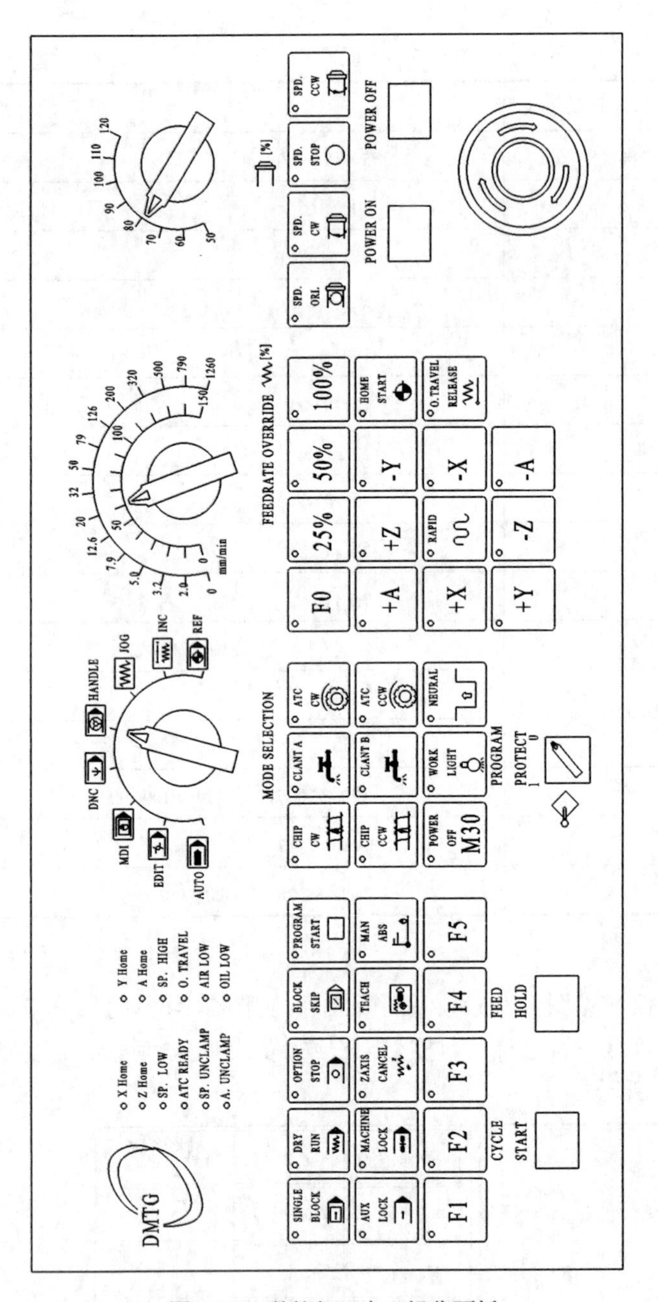

图 2-1-6　数控加工中心操作面板

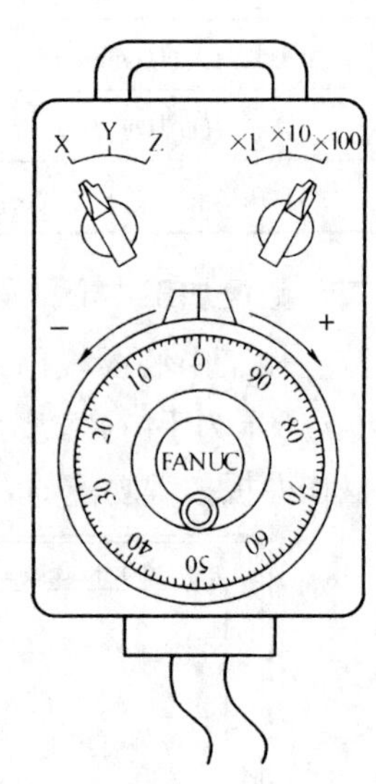

图 2-1-7　手持盒

表 2-1-2　数控加工中心操作面板按键功能

功能块名称	按　键	功 能 说 明
紧急停止		异常情况下，按此键机床立即停止工作
程序保护		在锁定位置时未授权人员不能修改程序及系统参数；在开锁位置时，允许修改程序及参数

续表

功能块名称	按　键	功能说明
倍率开关		调整手动或自动加工时的移动速度
		调整手动或自动加工时主轴的转速
工作方式	AUTO	自动加工程序
	EDIT	对程序、刀具参数等进行编辑
	MDI	MDI 方式即手动输入数据、指令方式
	DNC	通过计算机控制机床进行零件加工
	REF	机床返回参考点
	JOG	手动控制机床进给、换刀等
	INC	步进进给方式
	HANDLE	手摇轮控制机床进给
操作选择	SINGLE BLOCK	在自动加工方式下，执行一个程序段后自动停止
	BLOCK SKIP	程序开头有“/”符号的程序段被跳过不执行
	OPTION STOP	按下此键 M01 有效
	TEACH	校刀功能
	PROGRAM START	程序重新启动
	MACHINE LOCK	机床锁住
	DRY RUN	程序中的 F 代码无效，滑板以进给速率开关指定的速度移动

续表

功能块名称	按　键	功　能　说　明
排屑操作	CHIP CW	顺时针排屑
	CHIP CCW	逆时针排屑
刀库操作	ATC CW	刀库按顺时针旋转一个刀位
	ATC CCW	刀库按逆时针旋转一个刀位
循环启动	CYCLE START	对程序进行启动运转和运转暂停控制
进给保持	FEED HOLD	
回零操作	+Z	按下左侧 X、Y、Z 任一个按钮，按下 HOME START 按钮，对应的机床坐标轴以快速移动的速度返回机床零点，到达后指示灯亮
	+Y	
	-X	
	HOME START	
进给轴选择开关	+A +Z -Y +X RAPID -X +Y -Z -A	在 JOG 方式下，控制坐标轴沿选择的方向进给或快速移动
冷却液开关	CLANT A	切削液电动机打开/关闭
	CLANT B	
主轴功能	SPD. CW	主轴正转
	SPD. STOP	主轴停止
	SPD. CCW	主轴反转

续表

功能块名称	按　键	功　能　说　明
电源	POWER ON	系统通电
	POWER OFF	系统断电
手摇脉冲发生器	FANUC	旋转手摇脉冲发生器可使选定的坐标轴移动
快速移动倍率开关	F0　25%　50%　100%	自动或手动操作时调整快速移动的速度
坐标旋钮	X　Y　Z	配合手摇脉冲发生器使用，选择坐标轴 X、Y、Z
倍率旋钮	×1　×10　×100	配合手摇脉冲发生器使用，×1、×10、×100 分别表示一个脉冲移动 0.001 mm、0.010 mm、0.100 mm

三、数控加工中心常用 M、G 代码

数控加工中心常用 M 代码如表 2-1-3 所示，数控加工中心常用 G 码如表 2-1-4 所示。

表 2-1-3　数控加工中心常用 M 代码

代　码	功　能	代　码	功　能
M00	程序暂停	M06	换刀
M01	程序有条件暂停	M08	切削液开
M02	程序结束	M09	切削液关
M03	主轴正转	M30	程序结束并返回起点
M04	主轴反转	M98	子程序调用
M05	主轴停止	M99	子程序结束

表 2-1-4　数控加工中心常用 G 代码

代　码	组　别	功　能
* G00	01	快速点定位
G01		直线插补
G02		顺时针圆弧/螺旋线插补
G03		逆时针圆弧/螺旋线插补
G04	00	暂停
G10		用程序输入补偿值

续表

代码	组别	功能
* G17	02	选择 *XY* 平面
G18		选择 *ZX* 平面
G19		选择 *YZ* 平面
G20	06	英寸输入
* G21		毫米输入
G28	00	返回参考点
G30		返回第二参考点
* G40	07	取消刀具半径补偿
G41		刀具半径左补偿
G42		刀具半径右补偿
G43	08	刀具长度正补偿
G44		刀具长度负补偿
*G49		取消刀具长度补偿
*G50	11	取消比例缩放
G51		比例缩放
*G50.1	22	取消镜像
G51.1		可编程镜像
G53	00	选择机床坐标系
G54~ G59	14	选择第一至第六工件坐标系
G65	00	宏程序调用
G66	12	宏程序模态调用
*G67		取消宏程序调用
G68	16	坐标系旋转
*G69		取消坐标系旋转
G74	09	左旋攻螺纹循环
G76		精镗循环
*G80		取消固定循环
G81		点钻循环
G82		镗阶梯孔循环
G83		深孔钻削循环

续表

代　码	组　别	功　能
G84	09	右旋攻螺纹循环
G85		镗孔循环
*G90	03	绝对尺寸编程
G91		增量尺寸编程
G92	00	设定工件坐标系
*G98	04	固定循环中，Z 轴返回初始平面
G99		固定循环中，Z 轴返回 R 平面

注：*为开机状态。

任务实施

一、开机

① 打开空气压缩机电源开关。

② 气压达到规定值后，将机床主电源开关旋转至 ON 位。

③ 紧急停止按钮◎右旋弹出。

④ 按 [POWER ON] 键，CRT 显示器上出现机床的初始位置坐标画面。

注意：开机前要先检查机床状况有无异常，润滑油是否足够，空气压缩机气压是否达到规定值等；一切正常，方可开机。

二、返回机床参考点

工作模式转换至[REF]→按[+Z]、[+Y]、[-X]键→选择[F0][25%][50%][100%]中一个→按[HOME START]键→机床 Z、Y、X 三轴返回参考点。

注意：机床返回参考点前要确保各坐标轴在运动时不与工作台上的夹具或工件发生干涉，要注意各坐标轴运动的先后顺序。

三、装夹工件并找正

1．选择夹具

根据工件形状选用定位可靠、夹紧力足够的夹具。常用夹具如下：

压板螺钉：利用 T 形槽螺栓和压板将工件固定在机床工作台上。

平口钳：形状比较规则的零件铣削时，常用平口钳装夹，方便灵活，适应性广。当加工精度要求较高，需要较大的夹紧力时，可采用精度较高的机械式或液压式平口钳。

卡盘：数控铣床加工回转体零件时，可以采用三爪自定心卡盘装夹，对于非回转体零件可采用四爪单动卡盘装夹。

2．安装夹具

① 安装夹具前，一定要先将工作台和夹具清理干净。

② 夹具装在工作台上，先用百分表对夹具找正、找平，再用螺钉或压板将夹具压紧在工作台上。

3．安装工件

用百分表找正、找平工件，并夹紧工件。

4．注意事项

① 夹紧工件前须用橡皮锤敲击工件上表面，以保证夹紧可靠。不能用铁块等硬物敲击工件上表面。

② 安装工件时，应保证工件在本次定位装夹中所有需要完成的待加工面充分暴露在外，方便加工。

③ 夹具在机床工作台上的安装位置不能和刀具路线发生干涉。

④ 夹持工件的位置要适当，保证夹紧工件后钳口受力均匀。

⑤ 安装工件时要考虑铣削时的稳定性。

⑥ 加工通透工件时要抽出工件下部的垫铁，留出加工空间。

四、刀具及安装

1．加工用刀具

ϕ10 mm 高速钢立铣刀，如图 2-1-8 所示。

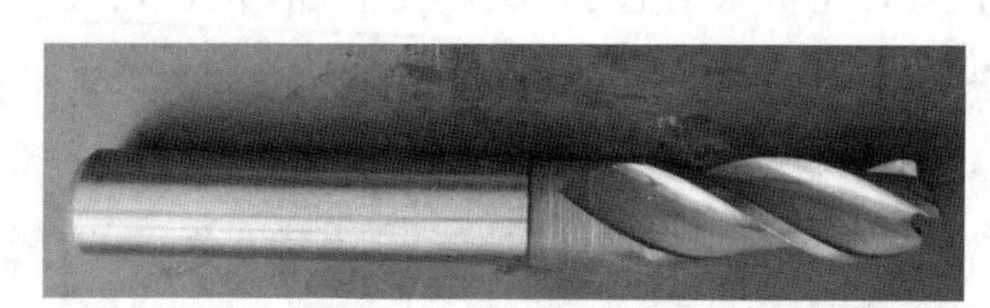

图 2-1-8　ϕ10 高速钢立铣刀

2．刀柄

刀具通过刀柄装夹在主轴上，加工中心一般采用 7:24 锥柄，VDF850 立式数控加工中心采用 BT40 刀柄。

3．刀具的组装

（1）直柄立铣刀的安装

① 根据立铣刀直径选择合适的弹簧夹头及刀柄，擦净各安装部位。

② 按图 2-1-9（a）所示的安装顺序，将刀具、弹簧夹头装入刀柄中。

③ 再将刀柄放在锁刀座上，使锁刀座的键对准刀柄上的键槽，用专用扳手顺时针拧紧刀柄，再将拉钉装入刀柄并拧紧，结果如图 2-1-9（b）所示。

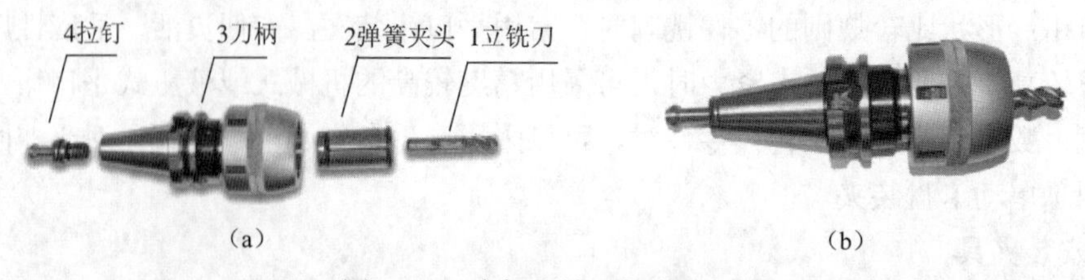

图 2-1-9　直柄立铣刀的安装

（2）锥柄立铣刀的安装

① 根据锥柄立铣刀直径及莫氏号选择合适的莫氏锥度刀柄，擦净各安装部位。

② 按图 2-1-10（a）所示的安装顺序，将刀具装入刀柄中。

③ 按直柄立铣刀的安装步骤③操作，结果如图 2-1-10（b）所示。

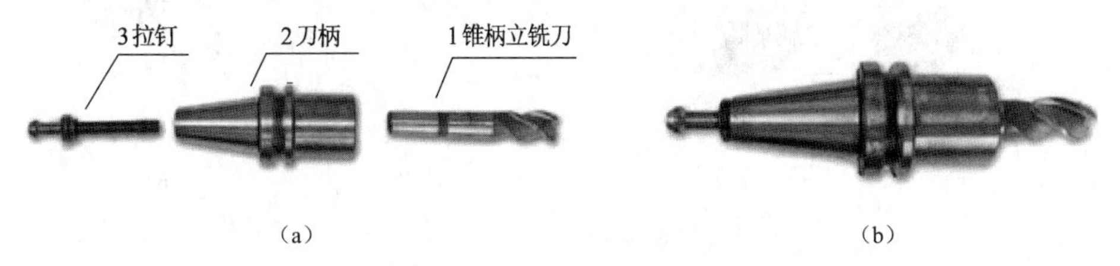

图 2-1-10　锥柄立铣刀的安装

4．手动装卸刀具

① 确认刀具和刀柄的重量不超过机床规定的许用最大重量。

② 清洁刀柄锥面和主轴锥孔。

③ 工作模式转换至 HANDLE 或 JOG。

④ 装刀：左手握住刀柄→刀柄的键槽对准主轴端面键，垂直伸入到主轴内→右手按住机床主轴立柱上的按钮→压缩空气从主轴内吹出→直到刀柄锥面与主轴锥孔完全贴合后→松开按钮，刀柄即被自动夹紧→确认夹紧后方可松手。

⑤ 刀柄装上后，用手转动主轴，检查刀柄是否正确装夹。

⑥ 卸刀：左手握住刀柄，向上加力→右手按住按钮→取下刀柄。

注意：

① 卸刀柄时，必须要有足够的动作空间，刀柄不能与工作台上的工件、夹具发生干涉。

② 换刀过程中严禁主轴转动。

③ 卸刀时，左手需向上用力，防止刀具从主轴内掉下时撞击工件和夹具等。

5．刀具装入刀库

以 ϕ10 mm 立铣刀为 1 号刀；ϕ12 mm 钻头为 2 号刀为例，刀具安装过程如下：

① 工作模式转换至 MDI →按 PROG 键→输入“G28 G91 Z0;”→按 CYCLE START →主轴回 Z 轴零点。

② 工作模式转换至 MDI →按 PROG 键→输入“M6 T01;”→按 CYCLE START 键。

③ 工作模式转换至 JOG →在主轴立柱上按→1 号刀具的刀柄装入主轴。

④ 工作模式转换至 MDI →按 PROG 键→输入“M6 T02;” →按 CYCLE START 键。

⑤ 工作模式转换至 JOG →按→2 号刀具的刀柄装入主轴。

刀具拆除过程如下：工作模式转换至 MDI →按 PROG 键→输入“M6 T×;”→工作模式转换至 JOG →按键即可取下刀柄。

五、对刀操作

1．寻边器完成 X、Y 向对刀

常用偏心式寻边器和光电式寻边器完成 X、Y 向对刀。偏心式寻边器由固定端和测量端两部分组成，如图 2-1-11（a）所示；光电式寻边器由测杆和测头组成，如图 2-1-11（b）所示。

（a）　（b）

图 2-1-11　寻边器

偏心式寻边器的工作原理如图 2-1-12 所示。图 2-1-12（a）所示为偏心式寻边器装入主轴没有旋转时的状态；图 2-1-12（b）所示为主轴旋转时寻边器的下半部分在弹簧的带动下一起旋转，在没有到达准确位置时出现虚像状态；图 2-1-12（c）所示为移动到准确位置后上、下重合状态；图 2-1-12（d）所示为移动超程后的状态，偏心式寻边器下半部分没有出现虚像。观察偏心式寻边器的影像时，不能只在一个方向观察，应在互相垂直的两个方向进行观察。

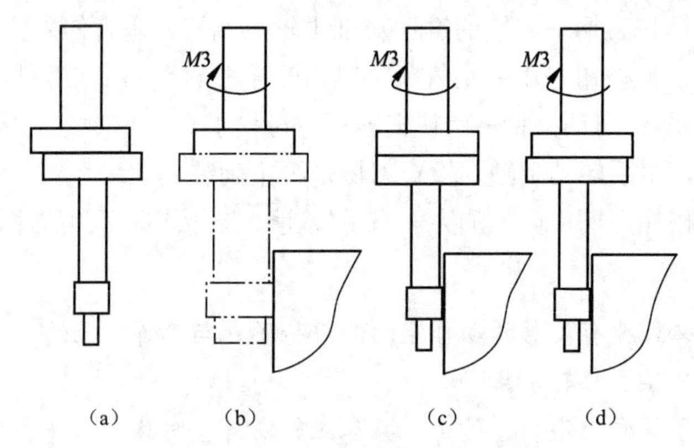

（a）　（b）　（c）　（d）

图 2-1-12　偏心式寻边器工作原理

偏心式寻边器对刀过程（以图 2-1-13 位置为例）如下：

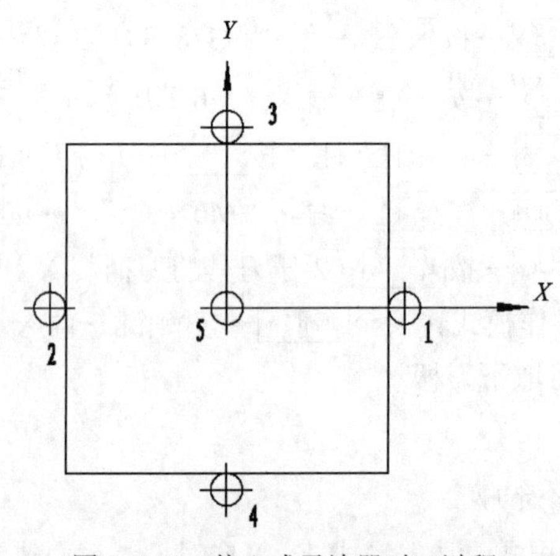

图 2-1-13　偏心式寻边器对刀过程

① 移动寻边器接近工件右侧面时（位置 1），注意观察寻边器上、下两部分状态，达到图 2-1-12（c）所示状态。

② 按POS键→按【相对】键→输入 *X*→按【起源】→*X* 的相对坐标清零。

③ 寻边器 *Z* 向退出，移至工件左侧，寻边器接近工件左侧面时（位置 2），注意观察寻边器上、下两部分状态，达到图 2-1-12（c）所示状态。

④ 按POS键→按【相对】键→记下 *X* 值→寻边器 *Z* 向退出→*X* 向移动到相对坐标 *X* 值的一半位置（位置 5）即工件的 *X* 向对称中心。

⑤ 按OFFSET SETTING键→按【坐标系】键→界面如图 2-1-14 所示→光标移到 01（G54）的 *X* 值处→输入 0→按【测量】键，完成 *X* 向对刀。

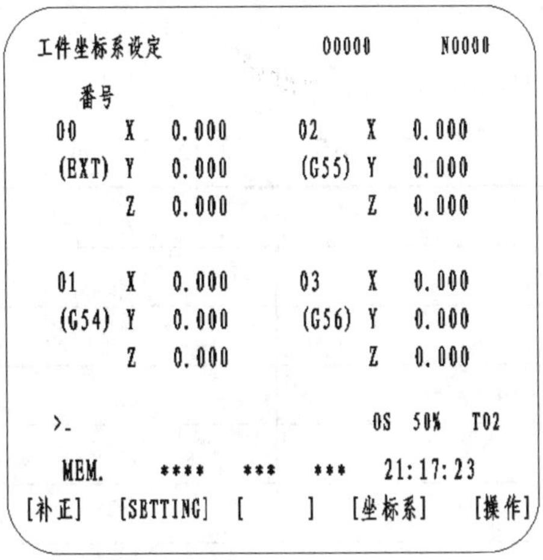

```
工件坐标系设定                O0000      N0000
  番号
 00     X   0.000      02    X   0.000
 (EXT)  Y   0.000      (G55) Y   0.000
        Z   0.000            Z   0.000

 01     X   0.000      03    X   0.000
 (G54)  Y   0.000      (G56) Y   0.000
        Z   0.000            Z   0.000

 >_                         OS  50%   T02
 MEM.    ****   ***   ***   21:17:23
[补正]  [SETTING] [    ]  [坐标系]  [操作]
```

图 2-1-14　工件坐标系设定

⑥ 同理完成 *Y* 向对刀（位置 3、4）。

2．通过 *Z* 轴设定器完成 *Z* 向对刀

Z 轴设定器是在数控镗铣床、数控加工中心上解决刀具在长度方向对刀的专用装置，有光电式[见图 2-1-15（a）]和指针式[见图 2-1-15（b）]等类型。*Z* 轴设定器带有磁性表座，可以牢固地附着在工件或夹具上。*Z* 轴设定器高度一般为 50 mm 或 100 mm。

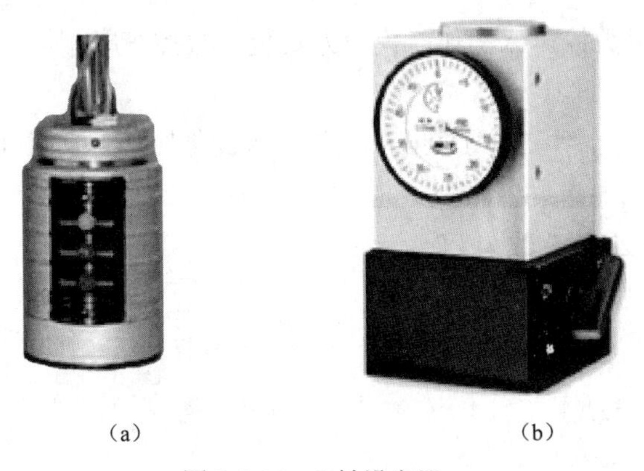

（a）　　　　（b）

图 2-1-15　*Z* 轴设定器

光电式 *Z* 轴设定器对刀过程如下：

① 将工件放置在工作台面上，然后将 *Z* 轴设定器的底面置于工件上表面（工件上表面常设定为工件 *Z* 向的坐标原点）。

② 刀具沿 *Z* 轴向下移，当刀具顶端与 *Z* 轴设定器顶平面接触，*Z* 轴设定器上的红色指示灯开始闪烁时，立即停止刀具下移。

③ 按 OFFSET SETTING 键→按【坐标系】键→界面如图 2-1-14 所示。

④ 移动光标键至 01（G54）*Z* 位置→输入设定器高度（如 50.0）→按【测量】键，完成 *Z* 向对刀。

六、输入程序并模拟

1．加工程序

加工程序如表 2-1-5 所示。

表 2-1-5　加 工 程 序

O211	
G28 G91 Z0;	Y-30.0;
M06 T01;	X20.0;
G54 G90 G00 X20.0 Y0;	Y0;
G00 Z50.0;	X-20.0;
M03 S400;	Z5.0;
M08;	G00 Z100.0;
Z5.0;	G28 G91 Z0;
G01 Z-4.0 F50;	G28 G91 Y0;
Y30.0;	M30;
X-20.0;	—

2．程序输入方法

程序输入方法参见数控车床操作，模拟方式也与数控车床相似。

3．注意问题

① 模拟加工一般在工件上方 150 mm 位置，因此把图 2-1-14 中 00（EXT）位置 *Z*0 设置为 150.0。

② 模拟结束后把 *Z*150.0 改为 *Z*0。

③ 模拟结束后必须进行全轴操作。

七、自动加工

1．内存中程序的自动加工

① 打开已输入程序。

② 工作模式转换至 AUTO 。

③ 进给倍率开关旋至较小值；主轴倍率选择开关旋至100%。

④ 按CYCLE START键进入自动加工状态。

⑤ 进给倍率开关在进入切削后逐步调大，观察切屑情况及加工中心的振动情况，调到适当的进给倍率进行切削加工。

2．程序的断点加工

只需要运行精加工部分的程序时，一般通过断点加工来完成，具体步骤如下：

① 工作模式转换至EDIT，利用页面变换键和光标移动键移动到精加工的起始程序段前。

② 输入必要的换刀程序段、主轴旋转程序段、刀具长度及半径补偿程序段等。

③ 工作模式转换至AUTO→按CYCLE START键开始精加工。

3．DNC 加工

对于CAM软件生成的程序，一般采用DNC边传输边加工的方法，具体步骤如下：

① 在计算机中用传输软件打开程序并进入程序待发送状态。

② 工作模式转换至MDI→按CYCLE START键。

③ 从计算机发送程序，进行DNC加工。

八、关机操作

① 取下零件，清理切屑。

② 调整工作台至中间位置，主轴处于较高的位置。

③ 按下紧急停止按钮。

④ 关闭机床电源。

⑤ 关闭空气压缩机、外部总电源。

九、零件检测

① 根据零件的尺寸精度要求选用游标卡尺测量零件的长度和宽度尺寸。

② 选用游标卡尺测量零件的深度尺寸。

③ 选用表面粗糙度比较样板检测 *Ra* 值。

任务评价

任务一评价表如表2-1-6所示。

表2-1-6　任务一评价表

项　目	技术要求	配　分	得　分
基本操作（60%）	刀具与工件的装夹	10	
	输入程序并模拟	10	
	对刀	20	
	规定时间内完成	10	
	安全文明生产	10	

续表

项　目	技术要求				配　分	得　分
尺寸检测（25%）	图样尺寸	量　具	学生自测	教师检测	—	
	50	游标卡尺			6	
	70	游标卡尺			6	
	4	游标卡尺			8	
	Ra 6.3 μm	粗糙度样板			5	
职业能力（15%）	学习能力				5	
	表达沟通能力				5	
	合作能力				5	
总计						

思考题与同步训练

一、思考题

1. 简述对刀的目的、步骤及注意事项。
2. 简述程序模拟的意义及步骤。
3. 在什么模式下可以进行自动加工。
4. 简述工件装夹的目的及注意事项。

二、同步训练

（一）应知训练

1. 选择题

（1）数控加工中心面板按键 CYCLE START 表示（　　）。

A. 自动加工　　B. 循环启动　　C. 进给保持　　D. 手动加工

（2）数控加工中心面板按键 JOG 表示（　　）。

A. 自动加工　　B. 循环启动　　C. 进给保持　　D. 手动加工

（3）数控加工中心面板按键 EDIT 表示（　　）。

A. 自动加工　　B. 编辑模式　　C. 进给保持　　D. 单段运行

（4）循环加工时，当执行有 M00 指令的程序段后，如果要继续执行下面的程序，必须按（　　）按钮。

A. 循环启动　　B. 转换　　C. 输出　　D. 进给保持

（5）加工中心的刀具可通过（　　）自动调用和更换。

A. 刀架　　B. 对刀仪　　C. 刀库　　D. 换刀机构

（6）加工中心常用夹具有（　　）等。

A. 平口钳　　B. 压板、螺钉　　C. 卡盘　　D. 前三个均可

2. 判断题

(　　)(1)数控加工中心一般采用寻边器完成Z向对刀。

(　　)(2)数控加工中心上也可以使用三爪自定心卡盘装夹工件。

(　　)(3)程序段“M06 T07；”与“T07 M06；”的执行过程是一致的。

(　　)(4)数控机床采用多把刀具加工零件时，只需对第一把刀进行对刀，建立工件坐标系即可。

(　　)(5)在自动加工空运行状态下，刀具的移动速度与程序中指令的进给速度无关。

(　　)(6)只有在MDI或EDIT工作模式下，才能进行程序的输入操作。

(二)应会训练

零件如图2-1-16和图2-1-17所示，材料铝合金，使用VDF850立式数控加工中心加工零件，加工程序如表2-1-7、表2-1-8所示。选择量具检验产品质量。

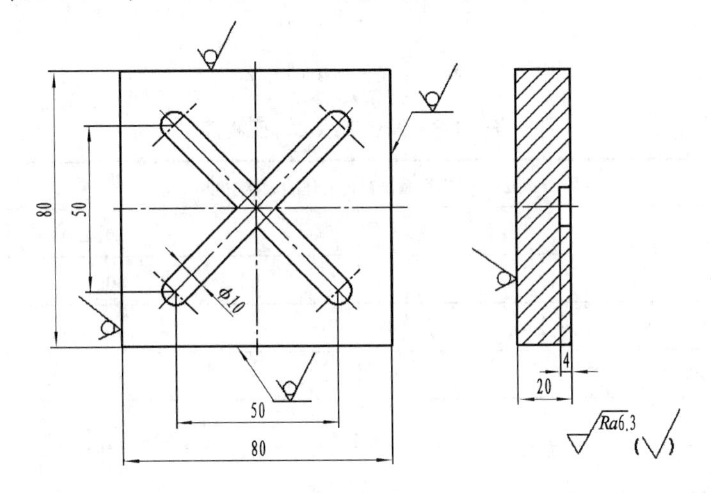

图2-1-16　同步训练1

表2-1-7　同步训练1加工程序

O2116（坐标系设在工件对称中心）	
G28 G91 Z0;	G00 Z5.0;
M06 T01;	Y−25.0;
G54 G90 G00 X25.0 Y−25.0;	G01 Z−4.0;
G00 Z50.0;	X25.0 Y25.0;
M03 S400;	Z5.0;
M08;	G00 Z100.0;
Z5.0;	G28 G91 Z0;
G01 Z−4.0 F50;	G28 G91 Y0;
X−25.0　Y25.0;	M30;

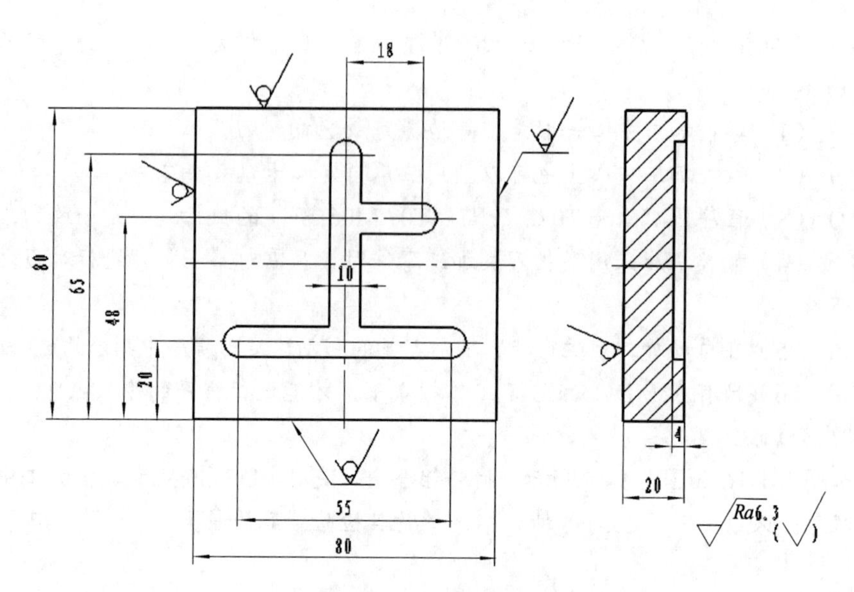

图 2-1-17　同步训练 2

表 2-1-8　同步训练 2 加工程序

O2117（坐标系设在正方体的对称中心）	
G28 G91 Z0;	G01 Z−4.0;
M06 T01;	X0;
G54 G90 G00 X−27.5 Y−20.0;	G00 Z5.0;
G00 Z50.0;	X0 Y25.0;
M03 S400;	G01 Z−4.0;
M08;	Y−20.0;
Z5.0;	Z5.0;
G01 Z−4.0 F50;	G00 Z100.0;
X27.5;	G28 G91 Z0;
G00 Z5.0;	G28 G91 Y0;
X18.0 Y8.0;	M30;

任务二　轮廓的加工

任务描述

为图 2-2-1 所示零件编写加工程序，毛坯为 80 mm×80 mm×22 mm 铝板，使用 VDF850 立式数控加工中心加工零件，选择相应量具检测零件加工质量。

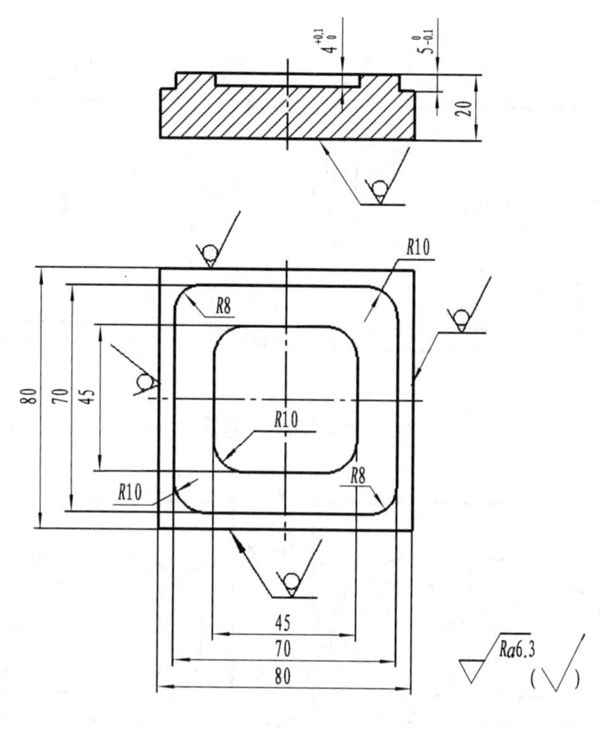

图 2-2-1　任务二零件图

任务目标

- 巩固数控编程 G00/G01、G02/G03、G40/G41/G42、G10 和 M98/M99 指令；
- 巩固轮廓加工工艺知识；
- 能够编写内、外轮廓零件的加工程序；
- 熟练使用数控加工中心加工零件；
- 具有选择量具检测零件加工质量的能力。

相关知识

一、加工工艺

1．顺铣与逆铣

圆周铣削有顺铣和逆铣两种方式。铣削时铣刀的旋转方向与切削进给方向相同的铣削方式称为顺铣；铣削时铣刀的旋转方向与切削进给方向相反的铣削方式称为逆铣。

切削工件外轮廓时，绕工件外轮廓顺时针走刀为顺铣，绕工件外轮廓逆时针走刀为逆铣，如图 2-2-2 所示；切削工件内轮廓时，绕工件内轮廓逆时针走刀为顺铣，绕工件内轮廓顺时针走刀为逆铣，如图 2-2-3 所示。加工工件时，常采用顺铣，其优点是刀具切入容易，切削刃磨损慢，加工表面质量较高。

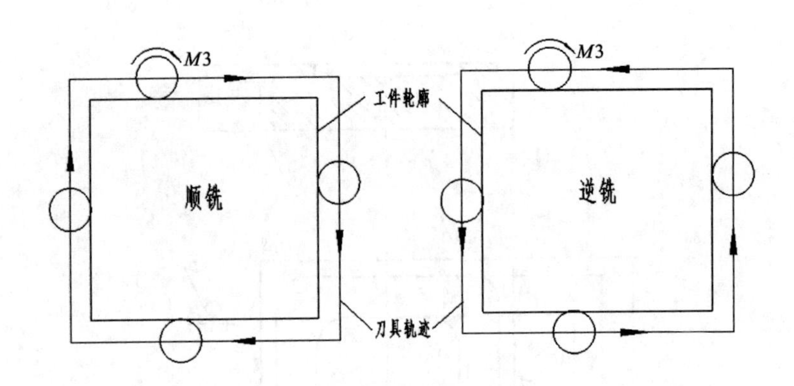

图 2-2-2　外轮廓顺、逆铣的判定

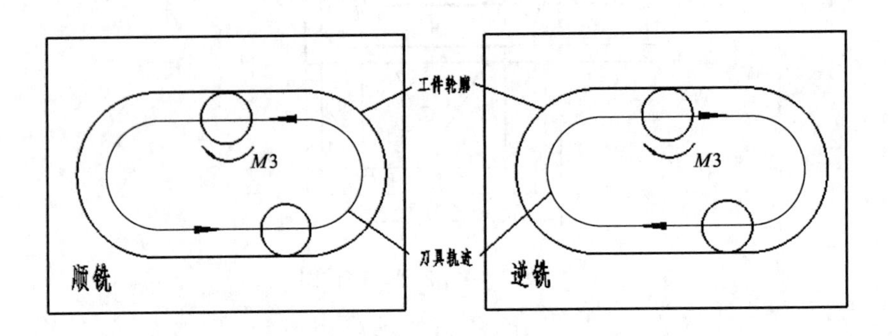

图 2-2-3　内轮廓顺、逆铣的判定

2．切削用量的选择

铣削加工的进给速度和铣削速度与数控车削相似，背吃刀量 a_p 选择如下：

当侧吃刀量 $a_e < d/2$（d 为铣刀直径）时，$a_p =$（1/3～1/2）d；当 $d/2 \leqslant a_e < d$ 时，$a_p=(1/4～1/3)d$；当 $a_e=d$（满刀）时，$a_p=(1/5～1/4)d$。

3．加工顺序

（1）基准面先行原则

用作基准的表面应优先加工出来，定位基准的表面精度越高，装夹误差越小，定位精度越高。

（2）先粗后精

铣削按照先粗铣后精铣的顺序进行。当工件精度要求较高时，可在粗、精铣之间加入半精铣。

（3）先面后孔

一般先加工平面，再加工孔和其他尺寸，利用已加工好的平面不仅可以可靠定位，而且在其上加工孔更为容易。

（4）先主后次

零件的主要工作表面，装配基准面应先加工，次要表面可放在主要加工表面加工到一定程度后，精加工之前进行。

4．加工刀具

常用铣削刀具有盘铣刀［见图 2-2-4（a）］、立铣刀［见图 2-2-4（b）］、键槽铣刀［见

图 2-2-4（c）］和球头铣刀［见图 2-2-4（d）］等。

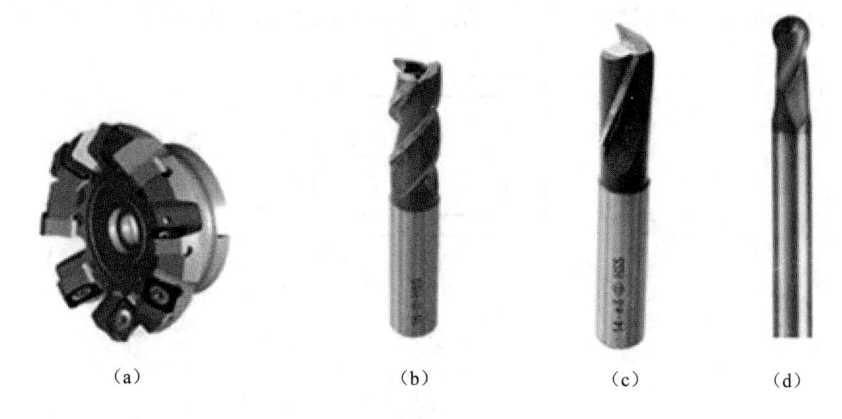

图 2-2-4　常用铣削加工刀具

盘铣刀主要用于加工平面，尤其适合加工大面积平面。

立铣刀是数控加工中最常用的一种铣刀，主要用于加工台阶面以及平面轮廓。大多数立铣刀的端面刃不过中心，不宜直接 *Z* 向进刀。一般先用钻头预钻工艺孔，然后沿工艺孔垂直切入。立铣刀适合用于大面积或被加工零件表面粗糙度要求较高的型腔加工。

键槽铣刀主要用于加工封闭的键槽。键槽铣刀其端部刀刃通过中心，可以垂直下刀，但由于只有两刃切削，加工时的平稳性比较差，加工工件的表面粗糙度较大，因此适合小面积或被加工零件表面粗糙度要求不高的型腔加工。

球头铣刀主要用于加工空间曲面零件。

5．*X*、*Y* 向进刀与退刀路线

利用铣刀侧刃铣削平面轮廓时，为了保证铣削轮廓的完整平滑，应采用切向切入、切向切出的走刀路线，如图 2-2-5 所示。

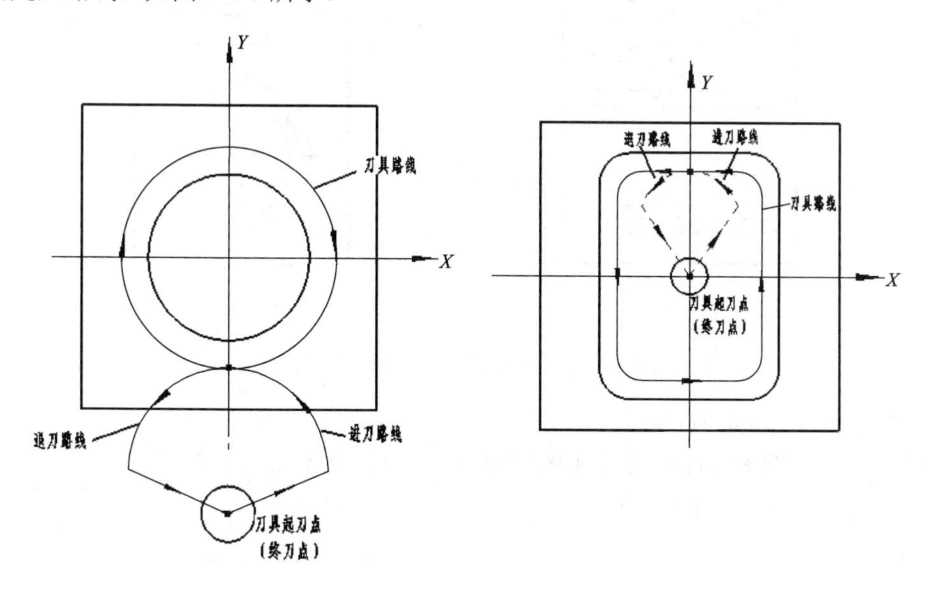

图 2-2-5　切向进、退刀路线

6．Z 向进刀路线

当加工外轮廓时，通常选择直接进刀法，从毛坯外进刀，如图 2-2-6 所示。

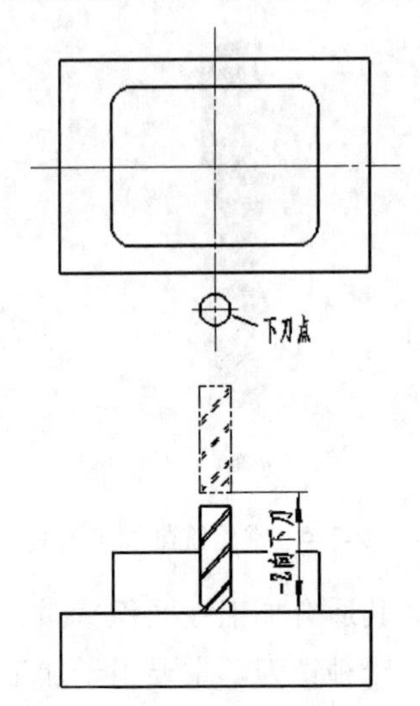

图 2-2-6　直进法

当加工内轮廓时，键槽铣刀可以直接沿 Z 向切入工件。立铣刀不宜直接沿 Z 向切入工件，可以采用以下两种方法：方法一先用钻头预先加工出工艺孔，然后沿工艺孔垂直切入工件；方法二选择斜向切入［见图 2-2-7（a）］或螺旋切入的方法［见图 2-2-7（b）］。

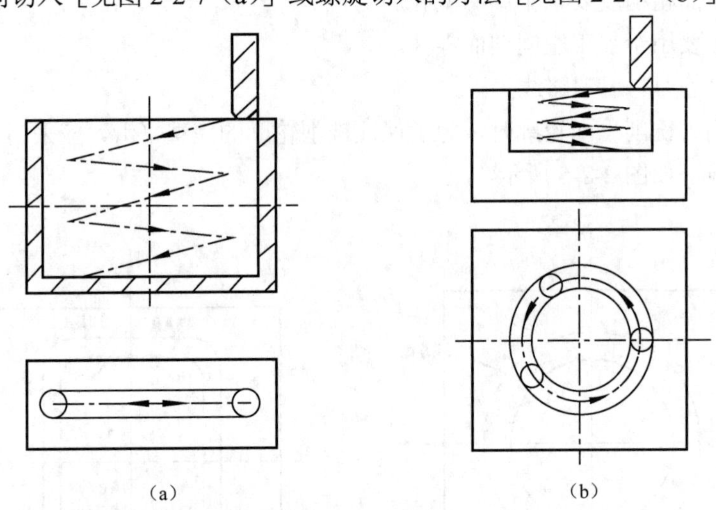

（a）　（b）

图 2-2-7　斜向进刀法与螺旋进刀法

7．内轮廓粗加工走刀路线

粗加工走刀路线有行切法［见图 2-2-8（a）］、环切法［见图 2-2-8（b）］和先行切后环切法［见图 2-2-8（c）］。

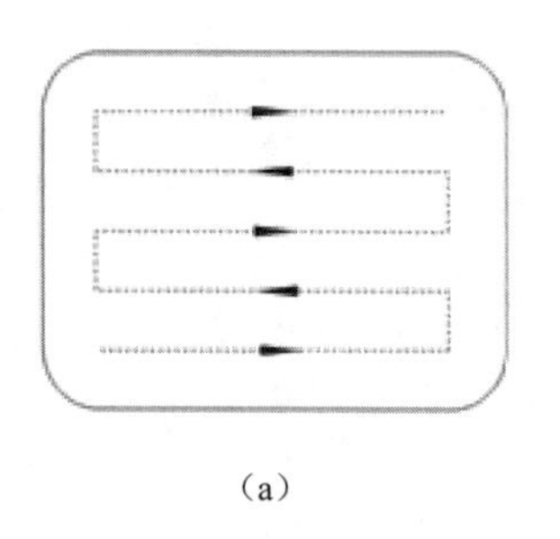
(a)

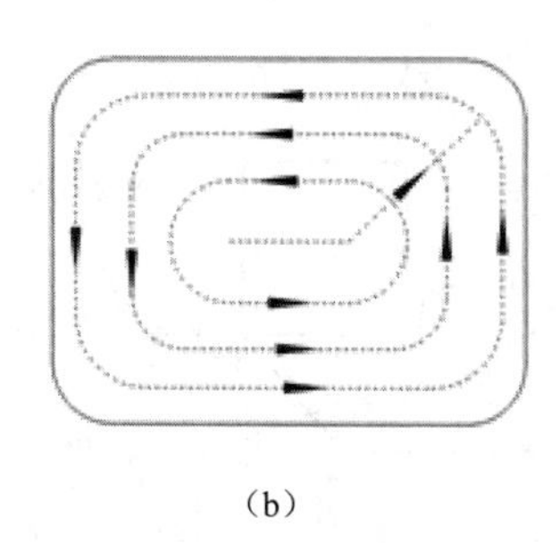
(b)

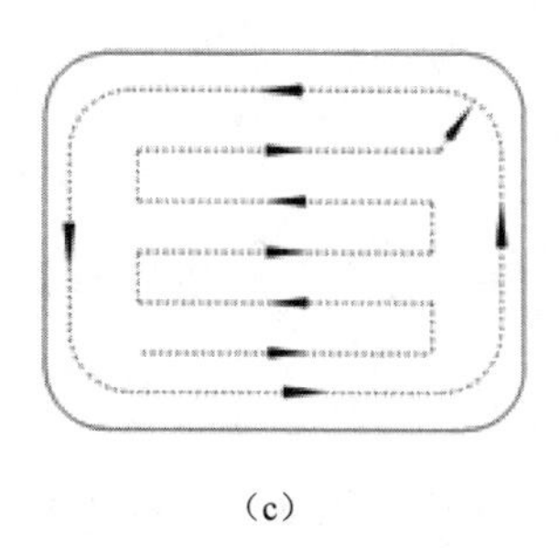
(c)

图 2-2-8　内轮廓粗加工走刀路线

行切法走刀路线较短，但是加工出的表面粗糙度不好；环切法获得的表面粗糙度好于行切法，但是刀位点计算复杂；先行切后环切法既可以缩短走刀路线又能获得较好的表面粗糙度。

二、编程指令

1．G00 快速点定位指令

（1）指令格式

```
G00 X__Y__  Z__ ;
```

（2）注意

不能以 G00 速度切入工件，一般距离工件 5～10 mm 为安全距离。

2．G01 直线插补指令

（1）指令格式 1

```
G01 X__Y__Z__F__;
```

（2）指令格式 2

```
G01 X__Y__Z__F__, R__; （倒圆角）
```

其中：*R*——两直线轮廓过渡时的圆角半径。

（3）注意

F 的单位一般为 mm/r。

3．G90/G91 绝对/增量尺寸编程指令。

（1）功能

G90 为绝对尺寸编程指令，G91 为增量尺寸编程指令。

（2）指令格式

```
G90/G91 X__ Y__ Z__ ;
```

执行 G90，*X*、*Y*、*Z* 后面数值是绝对坐标值；执行 G91 指令，*X*、*Y*、*Z* 后面数值是增量坐标值。

4．G17/ G18/ G19 选择坐标平面指令

（1）功能

选择坐标平面。G17 为选择 *XY* 坐标平面指令；G18 为选择 *XZ* 坐标平面指令；G19 为选择 *YZ* 坐标平面指令，如图 2-2-9 所示。

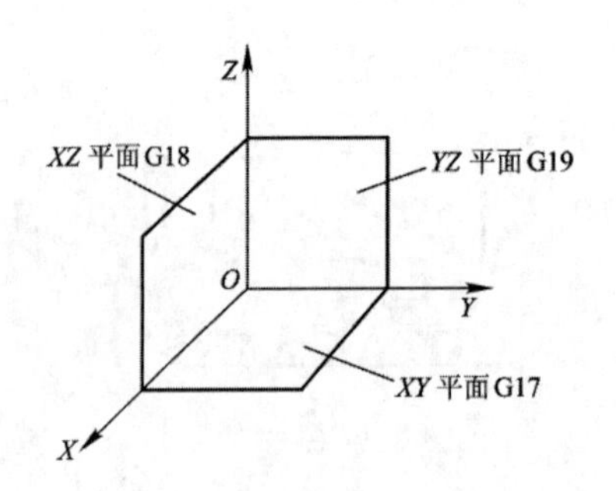

图 2-2-9　选择坐标平面

（2）指令格式

```
G17/G18/G19
```

5．G54~G59 建立工件坐标系（零点偏移）指令

（1）功能

建立工件坐标系（零点偏移）。

（2）指令格式

```
G54~G59
```

6．G40/G41/G42 刀具半径补偿指令

（1）功能

使用该指令只需按零件轮廓编程，不需要计算刀具中心运动路线，从而简化了计算和程序编制。

（2）指令格式

以 *XY* 平面为例

```
G41/G42 G00/G01 X__ Y__ D__ (F__);
…
G40 G00/G01 X__ Y__ (F__);
```

其中：G41/G42 —— 刀具半径左/右补偿；

G40 —— 取消刀具半径补偿；

X、*Y* —— 建立、取消刀具半径补偿时目标点坐标；

D —— 刀具半径补偿号。

（3）注意事项

① 执行直线移动命令时建立或取消刀具半径补偿。

② 使用时应指定所在的补偿平面，且不可以切换补偿平面。

③ 进、退刀圆弧半径必须大于刀具半径值。

7．G02/G03 圆弧插补指令

（1）功能

使刀具在指定的平面内按给定进给速度，进行顺时针圆弧（G02）或逆时针圆弧（G03）切削加工，如图 2-2-10 所示。

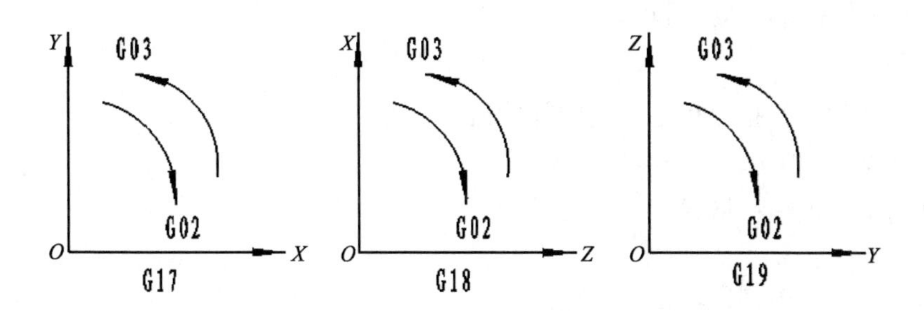

图 2-2-10　不同平面的 G02 与 G03

（2）指令格式

```
G17G02/G03X__Y__{R__ / I__J__}F__;
G18G02/G03X__Z__{R__ / I__K__}F__;
G19G02/G03Y__Z__{R__ / J__K__}F__;
```

其中：G02/G03——顺/逆时针圆弧插补指令；

X、*Y*、*Z*——圆弧终点坐标；

R——圆弧半径，0°＜圆心角＜180°时取正值，180°≤圆心角＜360°时取负值；

I/*J*/*K*——圆心相对于圆弧起点在 *X*/*Y*/*Z* 轴上的增量坐标；

F——进给速度。

（3）注意事项

① *I*、*J*、*K* 为零时可以省略。

② 同一程序段中若 *I*、*J*、*K* 与 *R* 同时出现，*R* 有效。

③ 加工整圆时只能用圆心坐标 *I*、*J*、*K* 编程。

8．子程序

（1）功能

重复的内容按照一定格式编写成子程序，简化编程。

（2）子程序调用格式

```
M98 PΔΔΔ××××;
```

其中：ΔΔΔ——子程序重复调用次数，取值为 1～999，1 次可以省略；

××××——被调用的子程序号。

（3）注意事项

① 调用次数大于 1 时，子程序号前面的 0 不能省略。

② 主程序可以调用子程序，子程序可以调用其他子程序。

③ 子程序的编写格式与主程序基本相同，子程序结束符用 M99。

④ 子程序执行完请求的次数后返回到 M98 的下一句继续执行，如果子程序后没有 M99 指令，将不能返回主程序。

9．G10 用程序输入补偿值指令

（1）功能

在程序中运用编程指令指定刀具的补偿值。

（2）指令格式

H 的几何补偿值编程格式：

```
G10 L10 P__ R__;
```

H 的磨损补偿值编程格式：

```
G10 L11 P__ R__;
```

D 的几何补偿值编程格式：

```
G10 L12 P__ R__;
```

D 的磨损补偿值编程格式：

```
G10 L13 P__ R__;
```

其中：*P*——刀具补偿号，即刀具补偿存储器页面中的“番号”；

R——刀具补偿量。

（3）注意事项

① G90 有效时，*R* 后的数值直接输入到“番号”中相应的位置。

② G91 有效时，*R* 后的数值与相应“番号”中的数值相叠加，得到一个新的数值替换原数值。

三、检测量具

和前面任务比较，本任务需要使用半径规（*R* 规）。

半径规是利用光隙法测量圆弧半径的工具，外形如图 2-2-11 所示。测量时必须使半径规的测量面与工件的圆弧完全紧密地接触，当测量面与工件的圆弧中间没有间隙时，工件的圆弧度数则为半径规上所示的数字。由于是目测，故准确度不是很高，只能做定性测量。

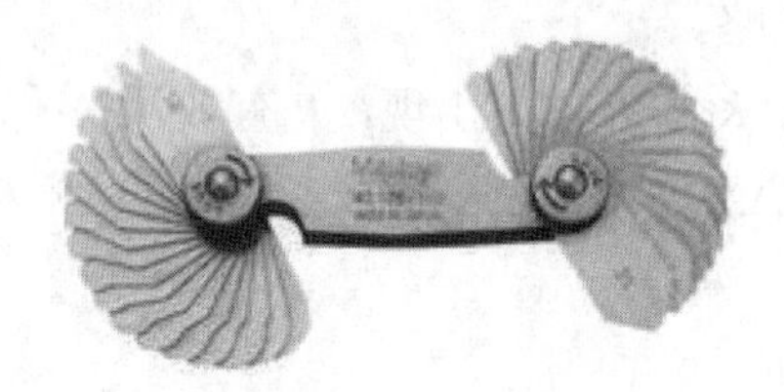

图 2-2-11 半径规

任务实施

一、图样分析

该零件为 80 mm×80 mm×22 mm 的板类零件，零件加工面主要有高度为 5 mm 的外轮廓和深度为 4 mm 的内轮廓。内外轮廓均由直线和圆弧组成，表面粗糙度为 *Ra* 6.3 μm。

二、加工工艺方案制订

1．加工方案

① 根据图样特点和加工部位，选用液压虎钳装夹工件，工件伸出 8～10 mm，用百分表

找正。

② 工件零点为坯料上表面的中心，对刀设定零点偏置 G54。

③ 用 ϕ12 mm 钻头预钻工艺孔。

④ 用 ϕ12 mm 立铣刀粗铣凸台，单边留 0.2 mm 的精加工余量。

⑤ 用 ϕ12 mm 立铣刀精铣凸台，保证图纸要求的尺寸。

⑥ 用 ϕ12 mm 立铣刀粗铣内轮廓，单边留 0.2 mm 的精加工余量。

⑦ 用 ϕ12 mm 立铣刀精铣内轮廓，保证图纸要求的尺寸。

2．刀具选用

零件数控加工刀具选用如表 2-2-1 所示。

表 2-2-1　数控加工刀具卡片

零件名称		轮廓的加工		零件图号		图 2-2-1
序　号	刀具号	刀具名称	数　量	加工表面	刀具半径 R/mm	备　注
1	—	ϕ12 钻头	1	工艺孔	6	
2	T01	ϕ12 立铣刀	1	粗、精铣内、外轮廓	6	

3．加工工序

零件数控加工工序卡如表 2-2-2 所示。

表 2-2-2　加工工序卡片

工步号	工步内容	刀　具　号	主轴转速 n/(r·min^{-1})	进给量 F/(mm·min^{-1})	背吃刀量 a_p/mm	备　注
1	粗铣外轮廓	T01	400	40	4.95	O2211 O2212
2	精铣外轮廓	T01	300	20	4.95	
3	粗铣内轮廓	T01	400	40	4.05	O2213 O2214 O2215
4	精铣内轮廓	T01	300	20	4.05	

三、编制程序

零件内外轮廓加工程序如表 2-2-3 所示。

表 2-2-3　加工程序

O2211	外轮廓加工主程序号
G28 G91 Z0;	回 Z 向参考点
M06 T01;	换 1 号刀
G54 G90 G00 X0 Y-60.0;	选用第一工件坐标系，快速定位至（0,-60）
M03 S400;	主轴正转，转速 400 r/min
M08;	打开切削液
Z5.0;	快速定位至 Z5

续表

O2211	外轮廓加工主程序号
G01 Z-4.95 F40;	以 40 mm/min 的速度直线铣削至 Z-4.95
G10 L12 P1 R6.2;	给 D01 输入半径补偿值 6.2 mm
M98 P2212;	调用外轮廓加工子程序
M03 S300 F20;	主轴正转，转速 300 r/min
G10 L12 P1 R6.0;	给 D01 输入半径补偿值 6.0 mm
M98 P2212;	调用外轮廓加工子程序
G00 Z100.0;	快速退刀至 Z100
M05;	主轴停转
M09;	关闭切削液
G91 G28 Z0;	回 *Z* 向参考点
G91 G28 Y0;	回 *Y* 向参考点
M30;	程序结束，返回程序起点
G41 G01 X20.0 Y-55.0 D01;	建立刀具左补偿，直线铣削至（20,-55）
G03 X0 Y-35.0 R20.0;	逆时针圆弧进刀至（0,-35），圆弧半径 20 mm
G01 X-25.0;	直线铣削至（-25,-35）
G02 X-35.0 Y-25.0 R10.0;	铣削 *R*10 的圆弧
G01 Y27.0 ;	直线铣削至（-35,27）
G02 X-27.0 Y35.0 R8.0;	铣削 *R*8 的圆弧
G01 X25.0 ;	直线铣削至（25,35）
G02 X35.0 Y25.0 R10.0;	铣削 *R*10 的圆弧
G01 Y-27.0 ;	直线铣削至（-35,-27）
G02 X27.0 Y-35.0 R8.0;	铣削 *R*8 的圆弧
G01 X0;	直线铣削至（0,-35）
G03 X-20.0 Y-55.0 R20.0;	逆时针圆弧退刀至（-20,-55），圆弧半径 20 mm
G40 G01 X0 Y-60.0;	退刀至（0,-60），取消刀具半径补偿
M99;	返回主程序

O2213

O2213	内轮廓加工主程序号
G28 G91 Z0;	回 *Z* 向参考点
M06 T01;	换 1 号刀
G54 G90 G00 X0 Y0;	选用第一工件坐标系，快速定位至（0,0）
M03 S400;	主轴正转，转速 400 r/min

续表

O2213	内轮廓加工主程序号
M08;	打开切削液
G00　Z5.0;	快速定位至 Z5
G01　Z-4.05　F40;	以 40 mm/min 的速度直线铣削至 Z-4.05
G10　L12　P1　R15.0;	给 D01 输入半径补偿值 15 mm
M98　P2214;	调用内轮廓粗加工子程序
G10　L12　P1　R6.2;	给 D01 输入半径补偿值 6.2　mm
M98　P2214;	调用内轮廓粗加工子程序
M05;	主轴停转
M00;	程序暂停
M03　S300 F20;	主轴正转，转速 300 r/min，进给量 20 mm/min
G10　L12　P1　R6.0;	给 D01 输入半径补偿值 6　mm
M98　P2215;	调用内轮廓精加工子程序
G00　Z100.0;	快速退刀至 Z100
X0　Y0;	快速移动至（0,0）
M05;	主轴停转
M09	关闭切削液
G91 G28 Z0;	回 *Z* 向参考点
G91 G28 Y0;	回 *Y* 向参考点
M30;	程序结束，返回程序起点

O2214

O2214	内轮廓粗加工子程序号
G41　G01　X18.0　Y4.5　D01;	建立刀具左补偿，直线铣削至（18,4.5）
G03　X0　Y22.5　R18.0;	逆时针圆弧进刀至（0,22.5），圆弧半径 18 mm
G01　X-22.5;	直线铣削至（-22.5,22.5）
G01　Y-22.5;	直线铣削至（-22.5,-22.5）
G01　X22.5;	直线铣削至（22.5,-22.5）
G01　Y22.5;	直线铣削至（22.5,22.5）
G01　X0;	直线铣削至（0,22.5）
G03　X-18.0　Y4.5 R18.0;	逆时针圆弧退刀至（-18,4.5），圆弧半径 18 mm
G40　G01　X0　Y0;	退刀至（0, 0），取消刀具半径补偿
M99;	返回主程序
G41　G01　X18.0　Y4.5　D01;	建立刀具左补偿，直线铣削至（18,4.5）
G03　X0　Y22.5　R18.0;	逆时针圆弧进刀至（0,22.5），圆弧半径 18 mm
G01　X-12.5;	直线铣削至（-12.5,22.5）

续表

O2215	
O2215	内轮廓精加工子程序号
G03 X-22.5 Y12.5 R10.0;	铣削 *R*10 的圆弧
G01 Y-12.5;	直线铣削至（-22.5,-12.5）
G03 X-12.5 Y-22.5 R10.0;	铣削 *R*10 的圆弧
G01 X12.5;	直线铣削至（12.5,-22.5）
G03 X22.5 Y-12.5 R10.0;	铣削 *R*10 的圆弧
G01 Y12.5;	直线铣削至（22.5,12.5）
G03 X12.5 Y22.5 R10.0;	铣削 *R*10 的圆弧
G01 X0;	直线铣削至（0,22.5）
G03 X-18.0 Y4.5 R18.0;	逆时针圆弧退刀至（-18,4.5），圆弧半径 18 mm
G40 G01 X0 Y0;	退刀至（0, 0），取消刀具半径补偿
M99;	返回主程序

四、实际加工

1．数控加工中心基本操作步骤如下：

① 开机操作。

② 返回参考点操作。

③ 装夹找正工件。

④ 铣刀的安装。

⑤ 对刀操作。

⑥ 输入程序并模拟。

⑦ 自动运行。

⑧ 关机操作。

2．注意事项

① 精铣时采用顺铣法，提高表面加工质量。

② 垂直进刀时，应避免立铣刀直接切削工件，加工内轮廓时，可采用预钻工艺孔的方法。

③ 铣削加工时，铣刀尽量沿轮廓切向进刀和退刀。

④ 在主程序中，子程序调用完成返回后的语句中一定要设置正确的绝对坐标指令，否则继续以相对坐标 G91 方式运行，将可能产生位置错误甚至碰刀等严重后果。

任务评价

任务二评价表如表 2-2-4 所示。

表 2-2-4　任务二评价表

项　　目	技术要求				配　分	得　分
程序编制（15%）	刀具、工序卡				5	
	加工程序				10	
加工操作（70%）	基本操作				15	
	图样尺寸	量　具	学生自测	教师检测		
	70 mm×70 mm	游标卡尺			5	
	45 mm×45 mm	游标卡尺			5	
	R10 mm 圆弧	R 规			5	
	R8 mm 圆弧	R 规			5	
	$5_{-0.1}^{0}$	游标卡尺			5	
	$4_{0}^{+0.1}$	游标卡尺			5	
	Ra 6.3 μm	粗糙度样板			5	
	规定时间内完成				10	
	安全文明生产				10	
职业能力（15%）	学习能力				5	
	表达沟通能力				5	
	团队合作				5	
总计						

思考题与同步训练

一、思考题

1. 数控铣削加工刀具的切向进退刀方式有哪几种？
2. 数控铣削编程时刀具的半径补偿指令有哪些，如何进行判别？
3. 加工型腔零件时，立铣刀能否直接下刀？

二、同步训练

（一）应知训练

1. 选择题

（1）切削工件外轮廓时，绕工件外轮廓顺时针走刀为（　　）。

A. 顺铣　　B. 逆铣　　C. 都可以　　D. 不能确定

（2）程序段“G03 X40.0 Y-20.0 I0 J-20.0 F40;”中，I、J 表示（　　）。

A. 圆弧终点坐标　　B. 圆弧起点坐标

C. 圆心相对圆弧起点的增量坐标　　　　D. 圆心坐标

（3）程序段“G02 X40.0 Y-40.0 R-20.0 F40;”中，R 表示圆心角为（　　）。

A. 0<圆心角<180°　　　　B. 180° <圆心角<360°

C. 0<圆心角<360°　　　　D. 不确定

（4）内轮廓加工中，可以缩短走刀路线又能获得较好的表面粗糙度的方法是（　　）。

A. 行切法　　　　B. 环切法

C. 先环切后行切　　　　D. 先行切后环切

（5）“G10 L12 P1 R20.0;”程序段中，“P1”表示（　　）。

A. 刀具补偿号为 1　　　　B. 刀具几何补偿值为 1

C. 刀具半径补偿值为 1　　　　D. 刀具长度补偿值为 1

（6）“G41/G42 G00/G01 X_ Y_ D_ (F_);”程序段中，D 表示（　　）。

A. 刀具补偿值　　B. 刀具补偿号　　C. 刀具号　　D. 刀具半径值

2. 判断题

（　　）（1）零件上既有孔又有平面时，按照先孔后面加工比较容易。

（　　）（2）三刃立铣刀不宜直接 Z 向切入工件。

（　　）（3）环切法既可以缩短路线又可以获得较好的表面质量。

（　　）（4）“G10 L11 P1 R10.0;”程序段中，“L11”表示 H 的几何补偿值。

（　　）（5）在圆弧插补指令中，同一程序段中，若 I、J、K 与 R 同时出现，R 有效。

（　　）（6）可以在圆弧插补时建立或取消刀具半径补偿。

（二）应会训练

零件图如图 2-2-12 和图 2-2-13 所示，材料硬铝合金，使用 VDF850 立式数控加工中心加工零件，选择量具检验产品质量。

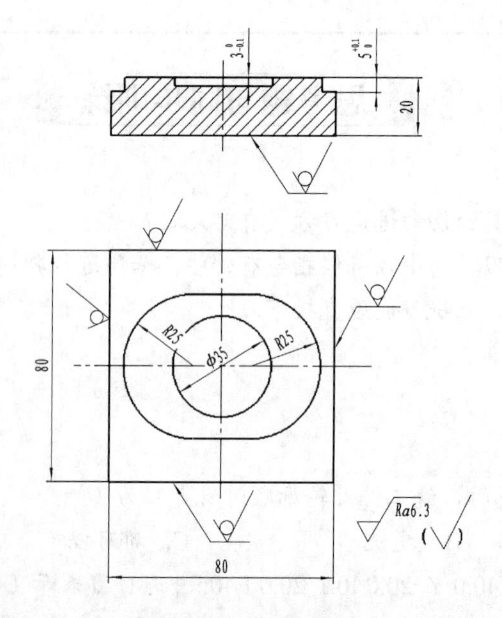

图 2-2-12　同步训练 1

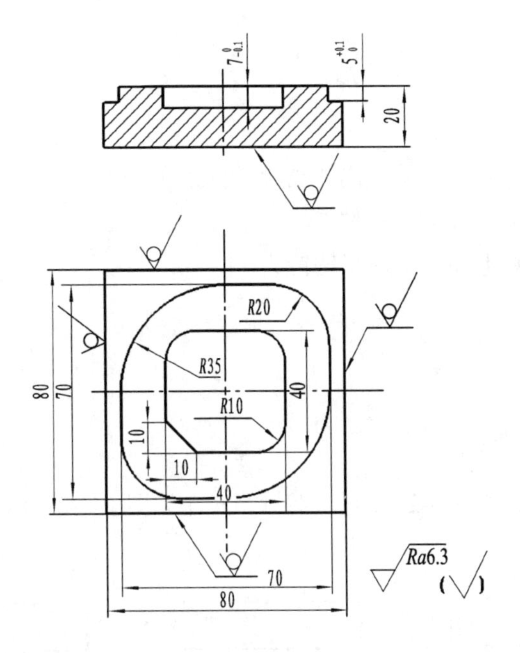

图 2-2-13　同步训练 2

任务三　槽的加工

任务描述

为图 2-3-1 所示零件编写加工程序，毛坯为 80 mm×80 mm×22 mm 铝板，使用 VDF850 立式数控加工中心加工零件，选择相应量具检测零件加工质量。

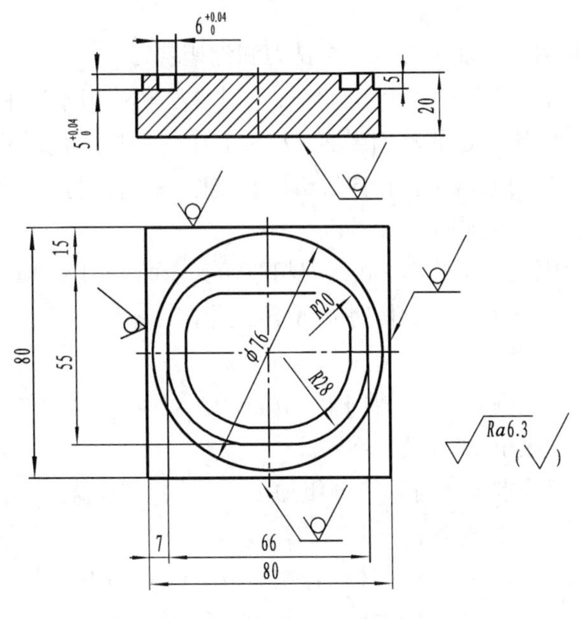

图 2-3-1　任务三零件图

任务目标

- 巩固数控编程 G51.1/G50.1 指令；
- 掌握槽的加工工艺，能够编写沟槽类零件的加工程序；
- 熟练使用数控加工中心加工零件；
- 具有选择量具检测零件加工质量的能力。

相关知识

一、加工工艺

（1）槽的类型

槽可分为封闭式［见图 2-3-2（a）］，半封闭式［见图 2-3-2（b）］和开放式［见图 2-3-2（c）］三种。

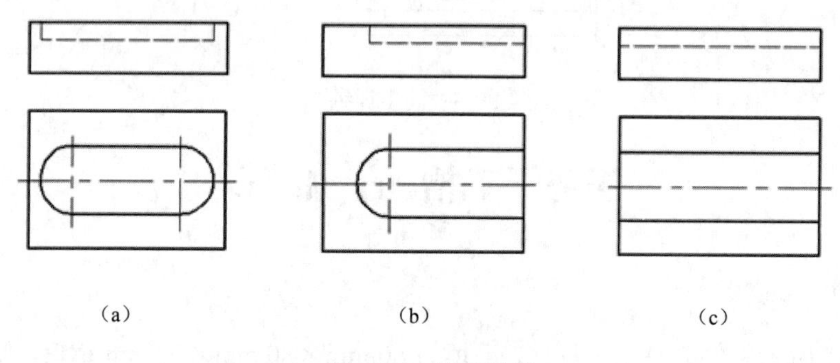

图 2-3-2　槽的种类

（2）加工刀具

立式加工中心上常用的槽加工刀具有立铣刀和键槽铣刀。

① 立铣刀：立铣刀从端刃形式上可分为端刃过中心和端刃不过中心两种。立铣刀不仅能加工开放和封闭的直线槽，还能够加工曲线槽。其中封闭槽多使用端刃过中心的立铣刀。端刃不过中心的普通立铣刀通常不宜轴向进给，在铣削封闭槽时，铣前应预钻一个直径略小于立铣刀直径的工艺孔，从工艺孔开始铣削。

② 键槽铣刀：键槽铣刀的外形与立铣刀相似，其端面刀刃延伸至中心，能在垂直进给时切削工件。因此用键槽铣刀铣封闭槽时，可不必预钻工艺孔。

（3）走刀路线

① 当槽宽精度要求不高时，可按照槽的中心轨迹编程。但由于槽的两壁一侧是顺铣，一侧是逆铣，会使两侧槽壁的加工质量不同。

② 当槽宽加工精度要求较高时，应分粗加工和精加工来进行。为有效保护刀具，提高表面质量，通常采用顺铣方式铣削。

封闭槽加工路线如图 2-3-3 所示。选择圆弧的中心点 *A* 为下刀点，采用圆弧进刀方式切入工件，刀具自 *A*→*B*→*C*→沿逆时针方向加工封闭槽，并沿 *C*→*G*→*A* 退刀。

当封闭槽型腔较小时，也可采用法向进退刀切削，加工路线为 $A \to C \to D \to E \to F \to C \to A$。

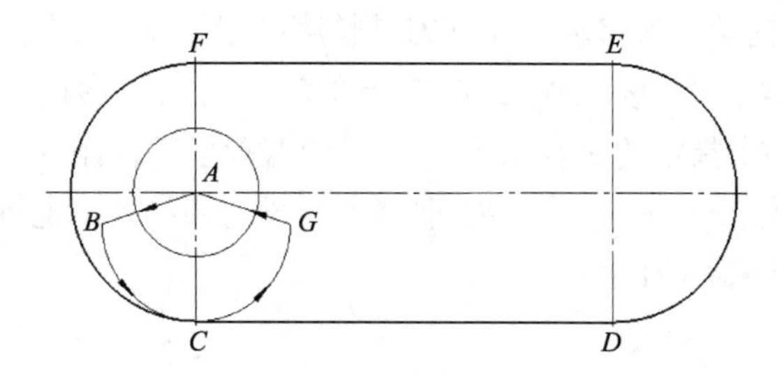

图 2-3-3　封闭槽加工路线

二、编程指令

本任务需要使用刀具长度补偿指令和镜像指令，下面从功能、指令格式、使用注意事项等方面加以介绍。

1．G43/G44/G49 刀具长度补偿指令

（1）功能

当由于刀具磨损、更换刀具等原因使刀具长度发生变化时，该指令使得数控机床能够根据实际使用的刀具尺寸自动调整差值，如图 2-3-4 所示。

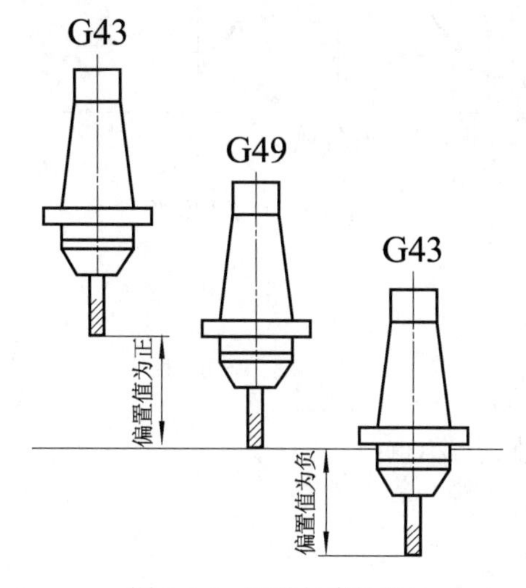

图 2-3-4　刀具长度补偿

（2）指令格式

```
G43/G44 G00/G01 Z__H__;
…
G49;
```

其中：G43 ——刀具长度正方向补偿；

G44 ——刀具长度负方向补偿；

G49 ——取消刀具长度补偿；

Z ——目标点坐标；

H ——刀具长度补偿值的存储地址。

（3）注意事项

① 刀具沿 Z 轴方向第一次移动时建立刀具长度补偿。

② 使用 G43、G44 指令时，不管是 G90 指令有效，还是 G91 指令有效，刀具移动的最终 Z 方向位置都是程序中指定的 Z 与 H 指令的对应偏置量进行计算。

③ G43、G44 为模态代码，除用 G49 取消刀具长度补偿外，也可用 H00 指令。

2．G51.1/G50.1 可编程镜像指令

（1）功能

可实现坐标轴的对称加工，如图 2-3-5 所示。

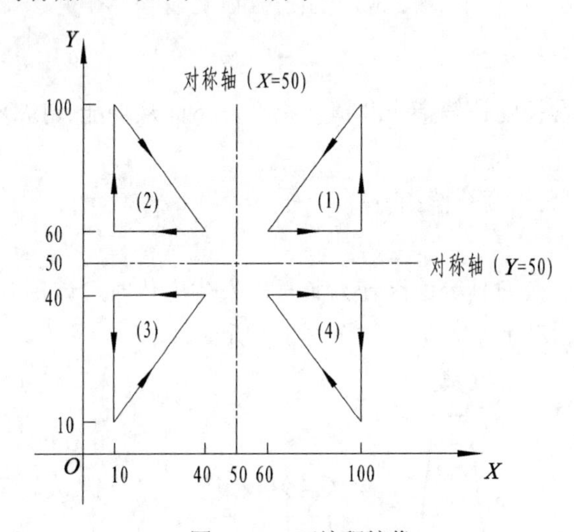

图 2-3-5　可编程镜像

（2）指令格式

```
G51.1 X__Y__;
G50.1 X__Y__;
```

其中：G51.1——可编程镜像；

X、Y——指定对称轴或对称点；

G50.1——取消镜像。

（3）注意事项

① 执行轴镜像功能后，如果程序中有圆弧指令，则圆弧的旋转方向相反。

② 执行轴镜像功能后，如果程序中有刀具半径补偿指令，则刀具半径补偿的偏置方向相反。

③ Z 轴一般不进行镜像加工。

三、检测量具

和前面任务比较，本任务需要使用深度游标卡尺，下面从应用、结构、使用方法、读数和使用注意事项等方面进行介绍。

1．应用

深度游标卡尺通常被简称为“深度尺”，用于测量零件凹槽及孔的深度等尺寸。

2．结构

深度游标卡尺结构如图 2-3-6 所示。

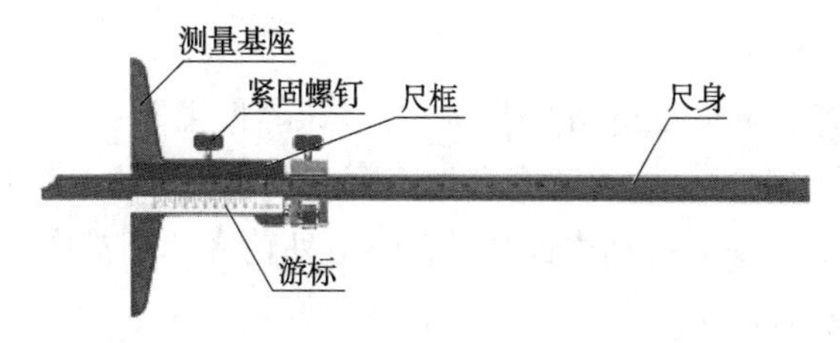

图 2-3-6　深度游标卡尺

3．使用方法

先将测量基座的两个量爪轻轻贴合在工件的基准面上，再将尺身推入零件待侧深度底部的测量表面，然后用紧固螺钉固定尺框，提起卡尺，则尺身端面至测量基座端面之间的距离，即为被测零件的深度尺寸。各种表面深度尺寸的测量，如图 2-3-7 所示。

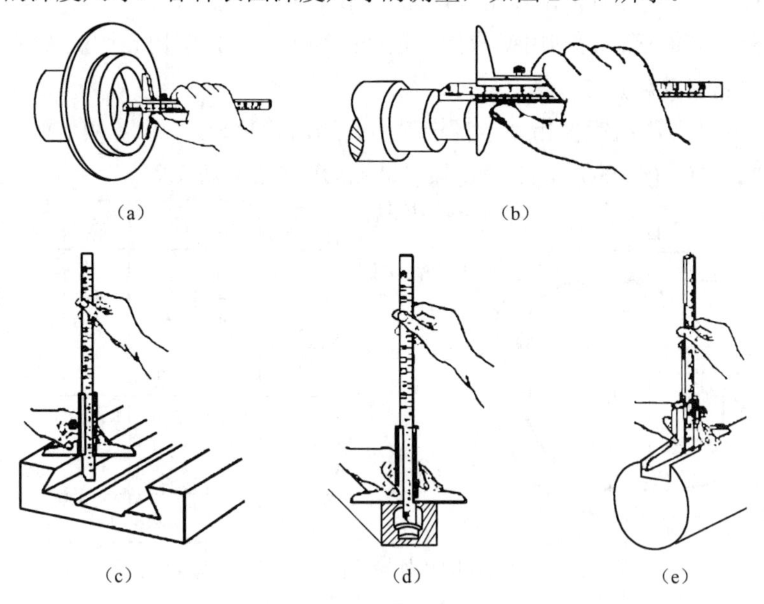

图 2-3-7　深度尺寸的测量

4．注意事项

① 测量时尺身不得倾斜。

② 由于尺身测量面小，容易磨损，在测量前需要检查深度尺的零位是否正确。

③ 对于多台阶小直径的内孔深度测量，要注意尺身端面是否在测量的台阶上，如图 2-3-7（d）所示。

④ 当基准面是曲线时，如图 2-3-7（e）所示，测量基座的端面必须放在曲线的最高点上，测量出的深度尺寸才是工件的实际尺寸，否则会出现测量误差。

5．读数

与游标卡尺基本相同。

任务实施

一、图样分析

该零件为 80 mm×80 mm×22mm 的板类零件，该零件主要加工高度为 5 mm 的圆台外轮廓和深度为 5 mm 的封闭沟槽，槽的宽度有加工精度要求和表面粗糙度要求，分粗加工和精加工来进行。为有效保护刀具，提高表面质量，凹槽外轮廓和凹槽内轮廓采用顺铣方式铣削。

二、加工工艺方案制订

1．加工方案

① 根据图样特点和加工部位，选用液压虎钳装夹，工件伸出 8～10 mm，用百分表找正。

② 工件零点为坯料上表面的中心，对刀设定零点偏置 G54。

③ 用 ϕ16 mm 立铣刀粗铣外轮廓，单边留 0.2 mm 的精加工余量。

④ 用 ϕ16 mm 立铣刀精铣外轮廓，保证图纸要求的尺寸。

⑤ 用 ϕ5 mm 键槽铣刀利用镜像指令粗铣封闭凹槽，按照内轮廓加工的走道路线走刀，刀具单边留 0.5 mm 的精加工余量。

⑥ 用 ϕ5 立铣刀利用镜像指令半精铣封闭凹槽内轮廓和外轮廓，单边留 0.1 mm 的精加工余量，内轮廓和外轮廓的走刀路线及基点坐标如图 2-3-8 所示。

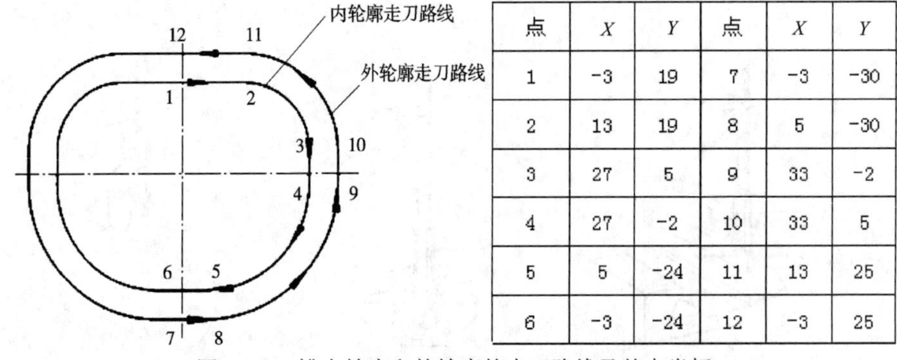

点	X	Y	点	X	Y
1	-3	19	7	-3	-30
2	13	19	8	5	-30
3	27	5	9	33	-2
4	27	-2	10	33	5
5	5	-24	11	13	25
6	-3	-24	12	-3	25

图 2-3-8　槽内轮廓和外轮廓的走刀路线及基点坐标

⑦ 用 ϕ5 mm 立铣刀利用镜像指令精铣封闭凹槽内轮廓和外轮廓到要求尺寸。

2．刀具选用

零件数控加工刀具的选用如表 2-3-1 所示。

表 2-3-1　数控加工刀具卡片　　单位：mm

零件名称		槽的加工		零件图号		图 2-3-1	
序号	刀具号	刀具名称	数量	加工表面	刀具半径 R/mm	长度补偿号	备注
1	T01	ϕ16 立铣刀	1	粗铣、精铣外轮廓	8	H01	
2	T02	ϕ5 键槽铣刀	1	粗铣封闭凹槽	2.5	H02	
3	T03	ϕ5 四刃过中心立铣刀	1	半精铣、精铣封闭凹槽	2.5	H03	

3．加工工序

零件数控加工工序卡如表 2-3-2 所示。

表 2-3-2　加工工序卡片

工步号	工 步 内 容	刀 具 号	主轴转速 $n/(r \cdot min^{-1})$	进给量 $F/(mm \cdot min^{-1})$	背吃刀量 a_p/mm	备　注
1	粗铣外轮廓	T01	400	40	5.0	*D* 值取 12、8.2
2	精铣外轮廓	T01	600	60	5.0	根据实测确定
3	粗铣封闭凹槽	T02	400	40	5.0	*D* 值取 3
4	半精铣封闭凹槽	T03	500	50	5.0	*D* 值取 2.6
5	精铣封闭凹槽	T03	600	60	5.0	根据实测确定

三、编制程序

零件加工程序如表 2-3-3 所示。

表 2-3-3　加 工 程 序（O2311）

O2311(铣圆台外轮廓)	主 程 序 号
M06　T01;	换 1 号刀
G28　G91　Z0;	回 *Z* 向参考点
G54　G90　G00　X0　Y−53.0;	选用第一工件坐标系，快速定位至（0，−53）
M03　S400;	主轴正转，转速 400 r/min
M08;	打开切削液
G43　G00　Z5.0　H01;	建立刀具长度补偿，快速定位至 *Z*5
G01　Z−5.0　F40;	以 40 mm/r 的速度直线铣削至 *Z*−5
D01;	给 D01 输入半径补偿值 12
M98　P2312;	调用外轮廓铣削子程序
D02;	给 D01 输入半径补偿值 8.2
M98　P2312;	调用轮廓铣削子程序
G00　Z100.0;	快速退刀至 *Z*100
M05;	主轴停转
M09;	关闭切削液
M00;	程序停止
M06　T01;	换 1 号刀
G28　G91　Z0;	回 *Z* 向参考点
G54　G90　G00　X0　Y−53.0;	选用第一工件坐标系，快速定位至（0，−53）

续表

O2311（铣圆台外轮廓）	主 程 序 号
M03 S600;	主轴正转，转速 300 r/min
M08;	打开切削液
G43 G00 Z5.0 H01;	建立刀具长度补偿，快速定位至 Z5
G01 Z-5.0 F60;	以 20 mm/r 的速度直线铣削至 Z-5
D03;	根据实际测量尺寸输入半径补偿值
M98 P2312;	调用轮廓铣削子程序
G00 Z100.0;	快速退刀至 Z100，取消刀具长度补偿
M05;	主轴停转
M09;	关闭切削液
G91 G28 Z0;	回 Z 向参考点
G91 G28 Y0;	回 Y 向参考点
M30;	程序结束，返回程序起点
G41 G01 X15.0 Y-53.0 ;	建立刀具左补偿，直线铣削至（15，-53）
G03 X0 Y-38.0 R15.0;	逆时针圆弧进刀至（0，-38），圆弧半径 15 mm
G02 I0 J38.0;	加工圆台外轮廓
G03 X-15.0 Y-53.0 R15.0;	逆时针圆弧退刀至（-15，-53），圆弧半径 15 mm
G40 G01 X0 ;	退刀至（0，-53），取消刀具半径补偿
M99;	返回主程序
M06 T02;	换 2 号刀
G28 G91 Z0;	回 Z 向参考点
G54 G90 G00 X-8.0 Y19.0;	选用第一工件坐标系，快速定位至（-8，19）
M03 S400;	主轴正转，转速 400 r/min
M08;	打开切削液
G43 G00 Z5.0 H02;	建立刀具长度补偿，快速定位至 Z5
M98 P2314;	粗铣右边封闭凹槽
G51.1 X0;	镜像粗铣左边封闭凹槽
M98 P2314;	调用子程序
G50.1 X0;	取消镜像指令
M05;	主轴停转
M09;	关闭切削液
M00;	程序停止

续表

O2311（铣圆台外轮廓）	主 程 序 号
M06　T03;	换 3 号刀
G28　G91　Z0;	回 Z 向参考点
G54　G90　G00　X-8.0　Y19.0;	选用第一工件坐标系，快速定位至（-8，19）
M03　S500;	主轴正转，转速 500 r/min
M08;	打开切削液
G43　G00　Z5.0　H03;	建立刀具长度补偿，快速定位至 Z5
M98 P2314;	半精铣右边封闭凹槽的内轮廓
G51.1　X0;	镜像半精铣左边封闭凹槽的内轮廓
M98 P2314;	调用子程序
G50.1 X0;	取消镜像指令
M98 P2315;	半精铣右边封闭凹槽的外轮廓
G51.1 X0;	镜像半精铣左边封闭凹槽的外轮廓
M98 P2315;	调用子程序
G50.1　X0;	取消镜像指令
M05;	主轴停转
M09;	关闭切削液
M00;	程序停止
M06　T03;	换 3 号刀
G28　G91　Z0;	回 Z 向参考点
G54　G90　G00　X-8.0　Y19.0;	选用第一工件坐标系，快速定位至（-8，19）
M03　S600;	主轴正转，转速 600 r/min
M08;	打开切削液
G43　G00　Z5.0　H03;	建立刀具长度补偿，快速定位至 Z5
M98 P2314;	精铣右边封闭凹槽的内轮廓
G51.1　X0;	镜像精铣左边封闭凹槽的内轮廓
M98 P2314;	调用子程序
G50.1　X0;	取消镜像指令
M98 P2315;	精铣右边封闭凹槽的外轮廓
G51.1　X0;	镜像精铣左边封闭凹槽的外轮廓
M98 P2315;	调用子程序
G50.1　X0;	取消镜像指令
G00　Z100.0;	快速退刀至 Z100

续表

O2311（铣圆台外轮廓）	主 程 序 号
M05;	主轴停转
M09	关闭切削液
G91 G28 Z0;	回 Z 向参考点
G91 G28 Y0;	回 Y 向参考点
M30;	程序结束，返回程序起点
G90 G54 G00 X-8.0 Y19.0;	选用第一工件坐标系，快速定位至（-8，19）
G41 G01 X-3.0 F40 D04;	建立刀具左补偿，直线铣削至（-3，19）
Z-5.02;	直线铣削至 Z-5.02
G01 X13.0;	直线铣削至（13，19）
G02 X27.0 Y5.0 R14.0;	圆弧铣削至（27，5）
G01 Y-2.0;	直线铣削至（27，-2）
G02 X5.0 Y-24.0 R22.0;	圆弧铣削至（5，-24）
G01 X-3.0;	直线铣削至（-3，-24）
G01 Z5.0;	退刀至 Z5
G40 G00 X-8.0;	取消刀具半径补偿
G00 Z100.0;	快速退刀至 Z100
M99;	子程序结束
G90 G54 G00 X-8.0 Y-30.0;	选用第一工件坐标系，快速定位至（-8，-30）
G41 G01 X-3.0 F40 D05;	建立刀具左补偿，直线铣削至（-3，-30）
Z-5.02;	直线铣削至 Z-5.02
G01 X5.0;	直线铣削至（5，-30）
G03 X33.0 Y-2.0 R28.0;	圆弧铣削至（33，-2）
G01 Y5.0;	直线铣削至（33，5）
G03 X13.0 Y25.0 R20.0;	圆弧铣削至（13，25）
G01 X-3.0;	直线铣削至（-3，25）
G01 Z5.0;	退刀至 Z5
G40 G00 X-8.0;	取消刀具半径补偿
G00 Z100.0;	快速退刀至 Z100
M99;	子程序结束

注：粗铣封闭凹槽时，D04 取值 3.0 mm。

半精铣封闭凹槽时，D04、D05 取值 2.6 mm。

精铣封闭凹槽时，D04、D05 根据实际测量尺寸取值。

四、实际加工

1．操作过程

系统启动→回参考点→装夹并找正工件→输入程序→模拟→寻边器完成 *X*、*Y* 方向对刀→*Z* 轴设定器完成 *Z* 向对刀→自动加工。

2．多把刀具对刀

使用加工中心加工时，大多数情况要使用多把刀具。每把刀具装夹到主轴后的位置在 *X*、*Y* 向是固定的。因此多把刀具的对刀操作只需进行 *Z* 向即可。前面介绍了 *Z* 向对刀输入到 G54 坐标系中，本次任务将介绍通过输入刀具长度补偿值的方法完成 *Z* 向对刀。

以 2 号刀具 ϕ6 mm 钻头为例对刀步骤如下：

① 将 ϕ6 mm 钻头装到主轴上。

② 进入手动模式，将屏幕切换到机械坐标显示。

③ 按 OFFSET SETTING 键→按【坐标系】键→将光标移至 G54 Z 处→输入“−1.0”（注：选择塞尺厚度为 1mm）→按 INPUT 键。

④ 移动刀具接近工件的上表面，直到用塞尺检查合适。

⑤ 记录机械坐标系中的 *Z* 坐标值（如：−431.5）。

⑥ 输入刀具长度补偿值：

按 OFFSET SETTING 键→按【补正】键→移动光标至 2 号刀对应的番号 002 的（形状）“H”处→输入“−431.5”→按 INPUT 键，完成第 2 把刀具钻头的 *Z* 向对刀操作。

任务评价

任务三评价表如表 2-3-4 所示。

表 2-3-4　任务三评价表　　单位：mm

项　目	技术要求				配　分	得　分
程序编制（15%）	刀具、工序卡				5	
	加工程序				10	
加工操作（70%）	基本操作				15	
	图样尺寸	量　具	学生自测	教师检测		
	圆台直径 ϕ76	游标卡尺			5	
	圆台深度 5	深度游标卡尺			5	
	槽宽度 $6^{+0.04}_{0}$	游标卡尺			10	
	槽深度 $5^{+0.04}_{0}$	深度游标卡尺			10	
	Ra 6.3 μm	粗糙度样板			5	
	规定时间内完成				10	
	安全文明生产				10	

续表

项　目	技 术 要 求	配 分	得 分
职业能力（15%）	学习能力	5	
	表达沟通能力	5	
	团队合作	5	
总　计			

思考题与同步训练

一、思考题

1. 开放槽和封闭槽的区别是什么？可以用何种刀具加工？
2. 加工槽类零件时，刀具的走刀方式有哪些？

二、同步训练

（一）应知训练

1. 选择题

（1）“G43 G00 Z50.0 H12”中，H12 表示（　　）。

A. Z 轴的位置是 12　　B. 刀具长度补偿值存储地址是 12

C. 长度补偿值是 12　　D. 半径补偿值是 12

（2）G43 表示刀具（　　）。

A. 半径正补偿　　B. 半径负补偿

C. 长度正补偿　　D. 长度负补偿

（3）取消刀具长度补偿的代码是（　　）。

A. G43　　B. G44　　C. G49　　D. G40

（4）在可编程镜像方式中，下列代码中，（　　）不能指定。

A. G01　　B. G02　　C. G03　　D. G54

（5）程序段“G51.1 X50.0;”表示镜像的轴为（　　）。

A. X=50　　B. Y=50　　C. Z=50　　D. X=0

2. 判断题

（　　）（1）刀具沿 Z 轴方向第一次移动时建立刀具长度补偿。

（　　）（2）H00 功能与 G49 功能相同，都可以取消刀具长度补偿。

（　　）（3）坐标系旋转方式下，可以指定可编程镜像指令。

（　　）（4）在可编程镜像方式中，与返回参考点有关的 G 代码，比如 G27、G28、G29、G30、G54 等不能指定。

（　　）（5）槽加工常用刀具有键槽铣刀和立铣刀。

（　　）（6）精度要求很高的封闭槽必须采用粗、精加工来完成。

（二）应会训练

零件如图 2-3-9 和图 2-3-10 所示，材料铝合金，使用 VDF850 立式数控加工中心加工零件，选择量具检验产品质量。

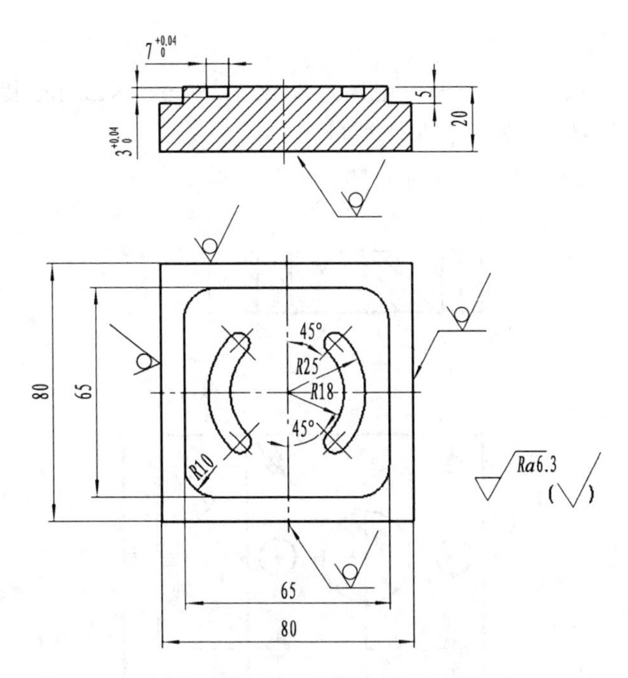

图 2-3-9　同步训练 1

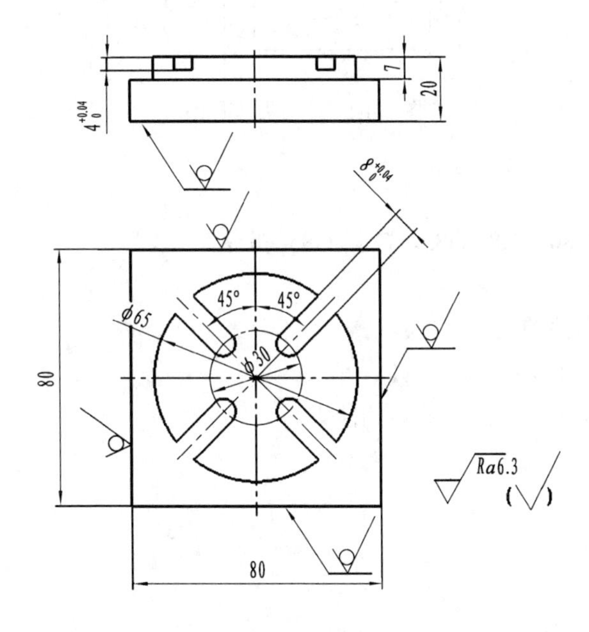

图 2-3-10　同步训练 2

任务四　孔系的加工

任务描述

为图 2-4-1 所示零件编写加工程序，毛坯为 80 mm×80 mm×22 mm 铝板，使用数控加工中心加工零件，并选择量具检测零件加工质量。

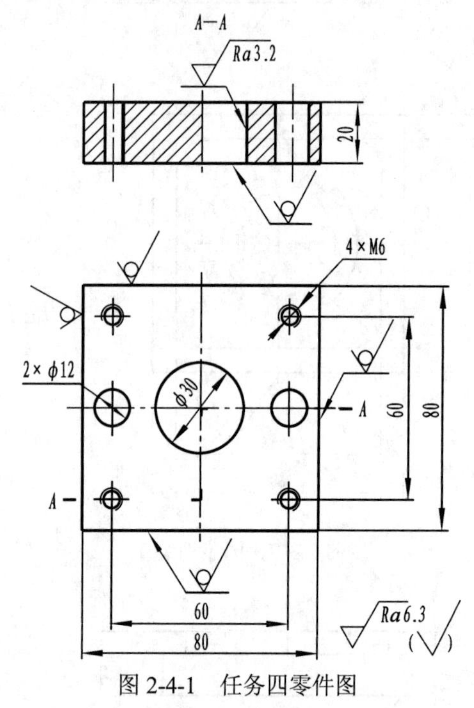

图 2-4-1　任务四零件图

任务目标

- 巩固数控编程 G80、G81/G83、G84/ G85 指令；
- 巩固孔系零件的加工工艺；
- 能够编写孔系零件的加工程序；
- 熟练使用数控加工中心加工零件；
- 具有选择量具检测零件加工质量的能力。

相关知识

一、加工工艺

1．孔加工刀具

（1）中心钻

中心钻的作用是在实体工件上加工出中心孔，以便在孔加工时起到定位和引导钻头的作用。

（2）普通麻花钻

普通麻花钻是钻孔最常用的刀具。麻花钻有直柄和锥柄之分。钻孔直径范围为 0.1～100 mm。普通麻花钻广泛应用于孔的粗加工，也可用于不重要孔的最终加工。

（3）扩孔钻

扩孔钻和普通麻花钻结构有所不同。它有 3～4 条切削刃，没有横刃。扩孔钻头刚性好，导向性好，不易变形。扩孔钻的结构如图 2-4-2 所示。在小批量生产时，常用麻花钻改磨成扩孔钻。

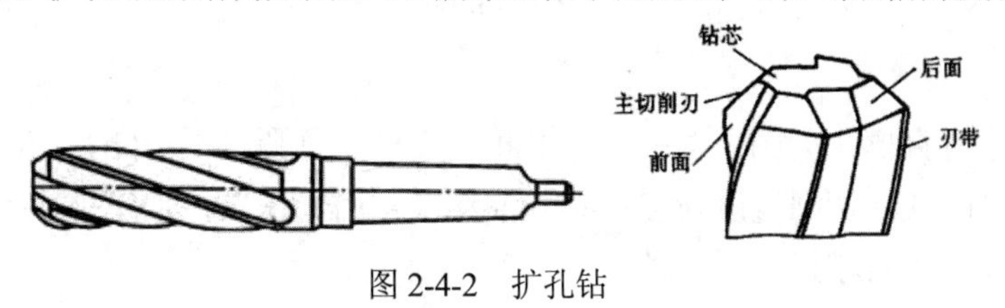

图 2-4-2　扩孔钻

（4）锪钻

锪钻有以下几种：柱形锪钻［见图 2-4-3（a）］、锥形锪钻［见图 2-4-3（b）］和端面锪钻［见图 2-4-3（c）］。锪钻时可使用标准刀具，也可以用麻花钻改磨成锪钻。

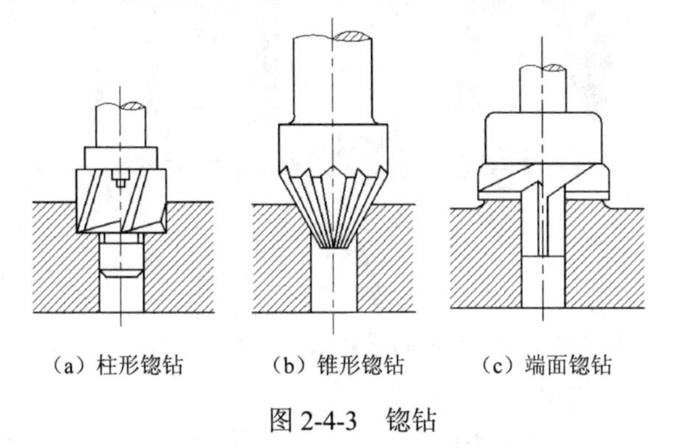

（a）柱形锪钻　（b）锥形锪钻　（c）端面锪钻

图 2-4-3　锪钻

（5）铰刀

加工中心上经常使用的铰刀是通用标准铰刀。通用标准铰刀有直柄、锥柄和套式三种，如图 2-4-4 所示。

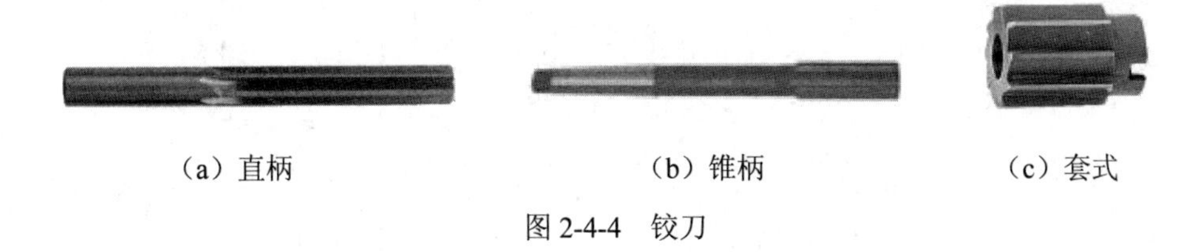

（a）直柄　（b）锥柄　（c）套式

图 2-4-4　铰刀

（6）镗刀

镗刀的种类很多，按加工精度可分为粗镗刀和精镗刀。精镗刀目前较多的选用可调精镗刀。这种镗刀的径向尺寸可以在一定范围内进行微调。按切削刃数量可以分为单刃镗刀［见图 2-4-5（a）］和双刃镗刀［见图 2-4-5（b）］。单刃镗刀刚性差，切削时易引起振动。双刃镗刀的两对称切削刃同时参与切削，生产效率高，广泛应用于大批量生产。

（a）单刃镗刀　　（b）双刃镗刀

图 2-4-5　镗刀

（7）丝锥

常用的丝锥有直槽［见图 2-4-6（a）］和螺旋槽［见图 2-4-6（b）］两大类。直槽丝锥加工容易、精度略低、切削速度较慢；螺旋槽丝锥多用于在数控加工中心上攻盲孔，加工速度较快、精度高、排屑较好、对中性好。

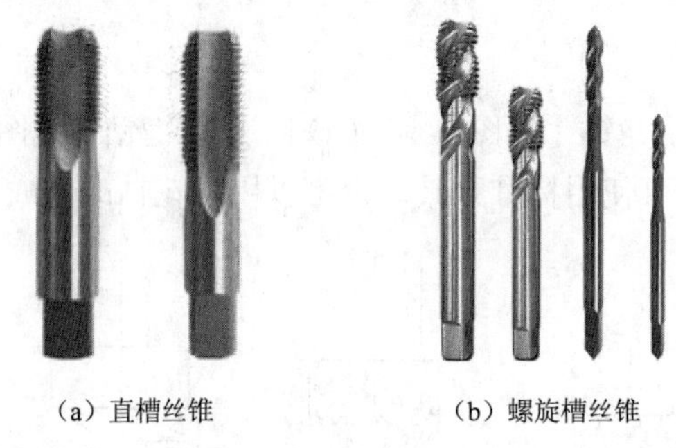

（a）直槽丝锥　　（b）螺旋槽丝锥

图 2-4-6　常用丝锥

2．加工路线

（1）为减少刀具空行程时间，提高加工效率，孔加工路线可采用图 2-4-7（a）所示的圆周式加工路线，其路径相对简单。

（2）对于孔的位置精度要求较高的零件，孔加工路线的选择一定要注意各孔的定位方向一致，以避免传动间隙引起加工误差。因此可采用图 2-4-7（b）所示的单一轴渐进式加工路线。

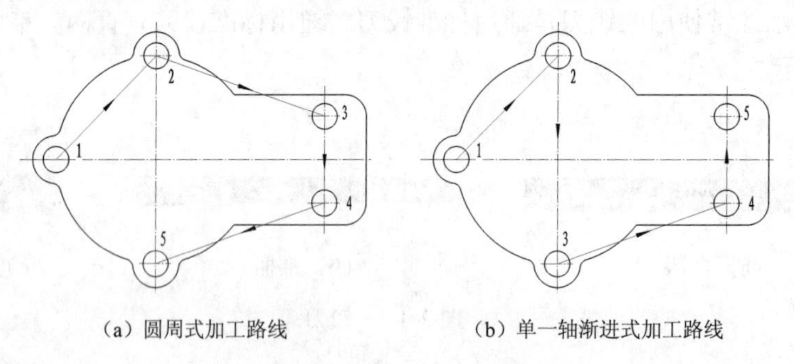

（a）圆周式加工路线　　（b）单一轴渐进式加工路线

图 2-4-7　孔加工路线

二、编程指令

和前面任务比较，本任务需要使用孔加工指令，下面从功能、指令格式、使用注意事项等方面进行介绍。

1．G81 点钻循环指令

（1）功能

主要用于浅孔加工。G81 指令循环路线如图 2-4-8 所示。在初始平面上，刀具沿着 *X*、*Y* 轴定位后快速到达 *R* 平面，从 *R* 平面开始刀具以进给速度切削至孔底，到达孔底孔后快速返回 *R* 平面（G99）或初始平面（G98）。

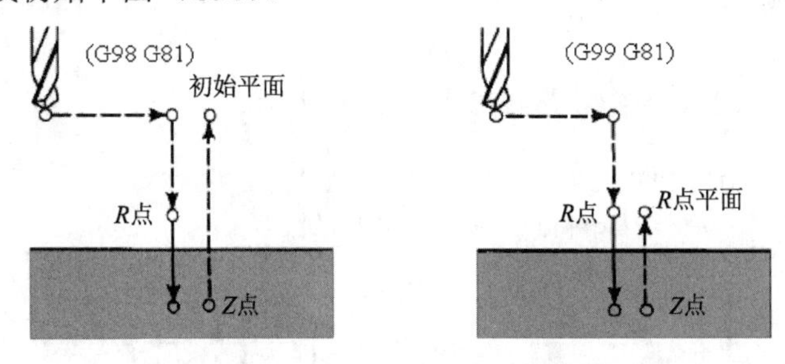

图 2-4-8　G81 指令循环路线

（2）指令格式

```
{G99
 G98  G81 X_Y_Z_R_F_;
```

其中：*X*、*Y*——孔的位置坐标；

Z——孔深的坐标；

R——参考平面坐标，通常距离待加工孔上表面 2～5 mm；

F——钻削进给速度。

（3）注意事项指令

① 孔加工固定循环中各功能字为模态指令。

② 可以采用 G80 指令或 01 组的 G 代码（如 G00、G01、G02 和 G03 等）取消孔加工固定循环。

2．G82 镗阶梯孔循环指令

（1）功能

主要用于加工盲孔或阶梯孔。G82 指令循环路线如图 2-4-9 所示。

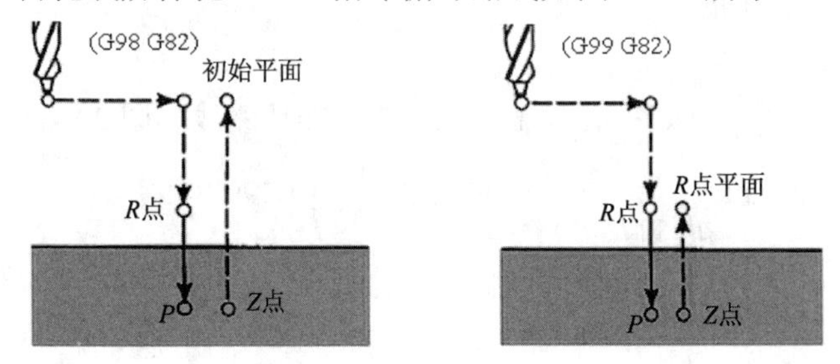

图 2-4-9　G82 指令循环路线

（2）指令格式

```
{G99
 G98  G82 X_Y_Z_R_P_F_;
```

其中：P——刀具在孔底进给暂停时间，单位为毫秒（ms）。

（3）注意事项

G82 与 G81 的主要区别是：刀具在孔底有暂停的动作，以达到光整孔底的目的，提高孔底的精度。

3．G83 深孔钻削循环

（1）功能

用于深孔加工。G83 指令循环路线如图 2-4-10 所示。

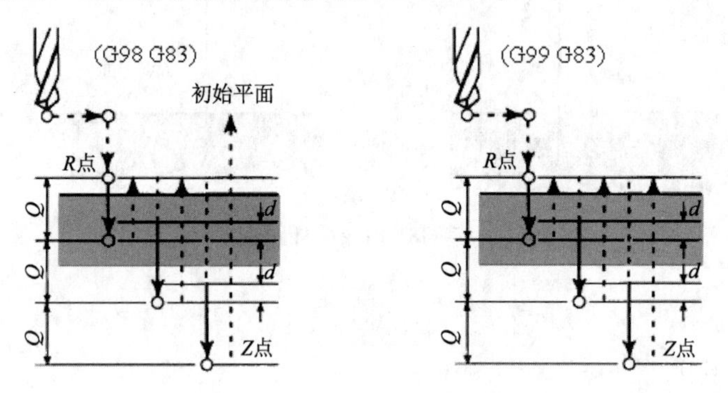

图 2-4-10　G83 指令循环路线

（2）指令格式

$$\begin{cases}\text{G99}\\ \text{G98}\end{cases}\ \text{G83 X\_Y\_Z\_R\_Q\_F\_;}$$

其中：Q——每次进刀深度。

（3）注意事项

G83 与 G81 的主要区别是：采用间歇进给方式钻削工件，便于排屑。每次钻削 Q 距离后返回到 R 平面，图 2-4-10 中 d 为让刀量，其值由 CNC 系统内部参数设定。末次钻削的距离小于等于 Q。

4．G85 镗孔加工循环指令

（1）功能

用于镗孔，还可用于铰孔、扩孔加工。G85 指令循环路线如图 2-4-11 所示。

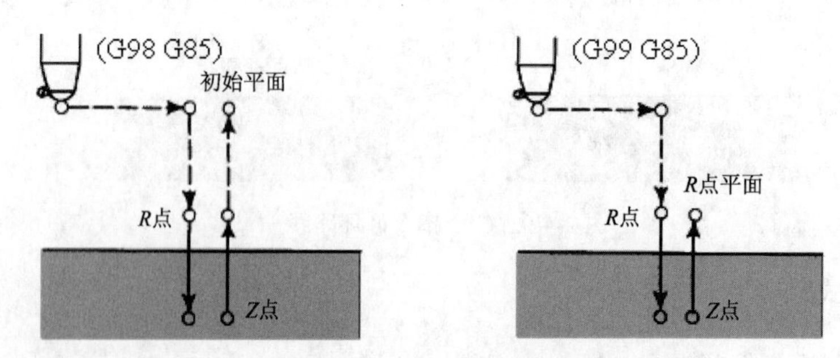

图 2-4-11　G85 指令循环路线

（2）指令格式

```
⎧G99
⎨     G85 X_Y_Z_R_F_;
⎩G98
```

（3）注意事项

使用 G85 指令镗孔时，刀具到达孔底后以切削速度返回 *R* 平面或初始平面。

5．G76 精镗孔加工循环指令

（1）功能

G76 指令用于精镗孔加工。G76 指令循环路线如图 2-4-12 所示。

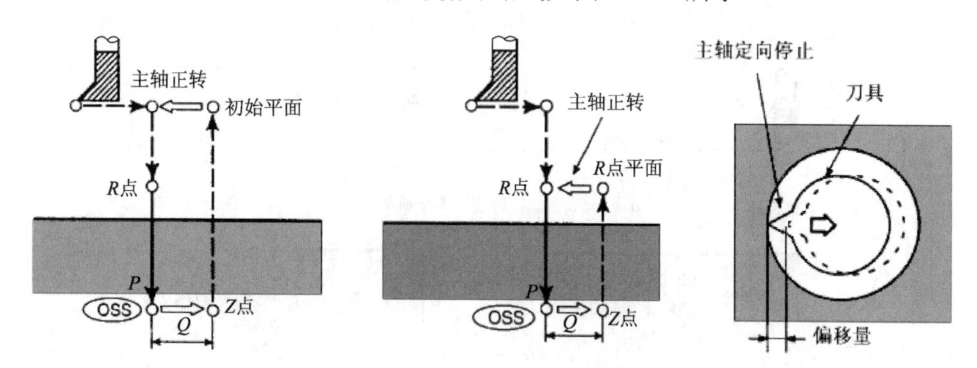

图 2-4-12　G76 指令循环路线

（2）指令格式

```
⎧G99
⎨     G76 X_Y_Z_R_Q_P_F_;
⎩G98
```

其中：*Q*——刀具在孔底的偏移量。

（3）注意事项

G76 与 G85 的区别：G76 在孔底有三个动作，即进给暂停，主轴定向停止，刀具沿着刀尖所指的反方向偏移 *Q* 值，然后快速返回 *R* 平面或初始平面。

6．铰孔循环指令

铰孔加工可以使用上面介绍的 G85 循环指令，还可以用 G01 指令进行铰孔。

7．G74/G84 攻螺纹循环

（1）功能

G74/G84 指令用于加工左旋（G74）或右旋(G84)螺纹孔。G84 指令循环路线如图 2-4-13 所示。G74 指令循环路线如图 2-4-14 所示。

（2）指令格式

攻右旋螺纹：

```
⎧G99
⎨     G84 X_Y_Z_R_F_;
⎩G98
```

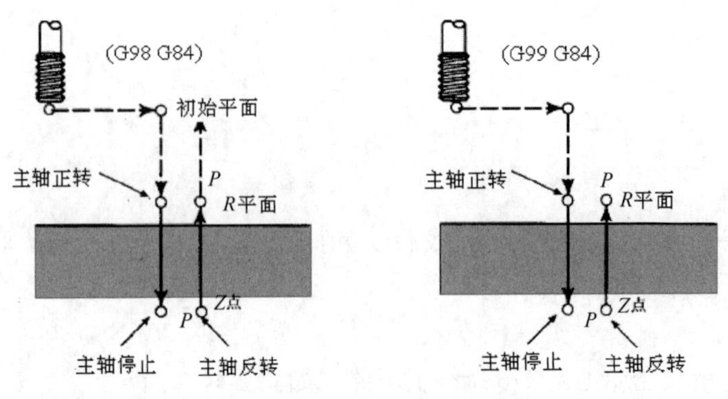

图 2-4-13　G84 指令循环路线

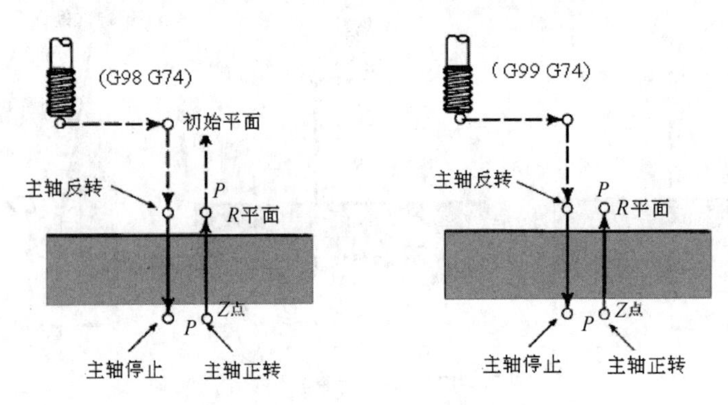

图 2-4-14　G74 指令循环路线

攻左旋螺纹：

$$\begin{cases} G99 \\ G98 \end{cases} G74\ X\_Y\_Z\_R\_F\_;$$

其中：进给速度 F=螺纹的螺距×主轴转速。

（3）注意事项

G84 加工右旋螺纹时，主轴正转，执行攻螺纹到达孔底后，主轴反转退回至 R 平面或初始平面。G74 加工左旋螺纹时，主轴反转，执行攻螺纹到达孔底后，主轴正转退回至 R 平面或初始平面。

三、检测量具

和前面任务比较，本任务需要使用光滑塞规测量小孔直径，使用游标卡尺和螺栓测量孔的中心距。

1．光滑塞规结构

光滑塞规是一种用来测量工件内尺寸的精密量具，光面塞规做成最大极限尺寸和最小极限尺寸两种。它的最小极限尺寸一端称为通端，最大极限尺寸一端称为止端，在测量中通端塞规应通过小径，且止端塞规则不应通过小径。光滑塞规如图 2-4-15 所示。

图 2-4-15　光滑塞规

2．光滑塞规的使用方法

（1）使用前先检查塞规测量面，不能有锈迹、划痕、黑斑等；塞规的标志应正确清楚。

（2）使用的光滑塞规必须在周期检定期内，而且附有检定合格证或标记，或其他足以证明塞规是合格的文件。

（3）为了减少测量误差，尽量使用塞规与被测件在等温条件下进行测量，使用的力要尽量小，不允许把塞规用力往孔里推或一边旋转一边往里推。

（4）测量时，塞规应顺着孔的轴线插入或拔出，不能倾斜；塞规塞入孔内，不许转动或摇晃塞规。

（5）不允许用塞规检测不清洁的工件。

任务实施

一、图样分析

该零件为 80 mm×80 mm×22 mm 的板类零件，外形及总厚不需要加工，零件加工面主要有 4-M6×1.5 的螺纹、2× ϕ12 mm、 ϕ30 mm 的孔。

二、加工工艺方案制订

1．加工方案

① 根据图样特点和加工部位，选用液压平口虎钳装夹工件，伸出钳口 6～8 mm，用百分表找正。

② 工件零点为坯料上表面的中心，对刀设定零点偏置 G54。

③ 用中心钻钻中心孔。

④ 用 ϕ5 mm 的钻头钻 4 个 M6 螺纹底孔。

⑤ 用 ϕ12 mm 的钻头钻 2 个 ϕ12 mm 孔。

⑥ 用 ϕ25 mm 的钻头钻 ϕ30 mm 底孔。

⑦ 用 ϕ30 mm 的镗刀镗 ϕ30 mm 的孔。

⑧ 用丝锥攻 M6 的螺纹。

2．刀具选用

刀具选用如表 2-4-1 所示。

表 2-4-1　数控加工刀具卡片　　单位：mm

零件名称		孔系零件		零件图号		图 2-4-1	
序号	刀具号	刀具名称	数量	加工表面	刀具半径 R/mm	长度补偿号	备注
1	T01	中心钻	1	中心孔	—	H01	
2	T02	ϕ5 的麻花钻	1	4 个 M6 的底孔	2.5	H02	
3	T03	ϕ12 的麻花钻	1	2 个 ϕ12 的孔	6	H03	
4	T04	ϕ25 的麻花钻	1	ϕ30 底孔	12.5	H04	
5	T05	镗刀	1	ϕ30 的孔	15	H05	
6	T06	丝锥	1	M6 的螺纹	—	H06	

3．加工工序

加工工序卡如表 2-4-2 所示。

表 2-4-2　数控加工工序卡片

工步号	工步内容	刀具号	主轴转速 $n/(r \cdot min^{-1})$	进给量 $F/(mm \cdot min^{-1})$	背吃刀量 a_p/mm	备注
1	钻中心孔	T01	2000	50		
2	钻 4 个 M6 的底孔	T02	900	20		
3	钻 2 个 ϕ12 mm 的孔	T03	600	20		
4	钻 ϕ30 mm 的底孔	T04	600	20		
5	镗 ϕ30 mm 的孔	T05	1000	50		
6	攻 M6 的螺纹	T06	100	150		

三、编制程序

加工程序如表 2-4-3 所示。

表 2-4-3　加工程序

O2411	程序说明
G91 G28 Z0;	回 Z 向参考点
M06 T01;	换一号刀
G90 G54 G00 G43 Z100.0　H01;	建立刀具长度补偿，建立工件坐标系
M03 S2000;	启动主轴,设定转速
M08;	打开切削液
G99 G81 X-30.0 Y-30.0 Z-3.0 R5.0 F50;	M6 孔位置点窝
Y0;	ϕ12 mm 孔位置点窝
Y30.0;	M6 孔位置点窝
X30.0;	M6 孔位置点窝
Y0;	ϕ12 mm 孔位置点窝
Y-30.0;	M6 孔位置点窝
G80 G28 G91 G00 X0 Y0 M05;	回参考点，主轴停
G90 G49 Z100.0;	取消刀具长度补偿
M06 T02;	换 2 号刀
G43 Z5.0 H02;	建立刀具长度补偿
S900 M03;	主轴启动
G99 G81 X-30.0 Y-30.0 Z-23.0 R5.0 F20;	钻 M6 底孔
Y30.0;	钻 M6 底孔

续表

O2411	程序说明
X30.0;	钻 M6 底孔
Y-30.0;	钻 M6 底孔
G80 G28 G91 G00 X0 Y0 M05;	回参考点，主轴停
G90 G49 Z100.0;	取消刀具长度补偿
M06 T03;	换 3 号刀
G43 Z5.0 H03;	建立刀具长度补偿
S600 M03;	主轴启动
G99 G81 X-30.0 Y0 Z-23.0 R5.0 F20;	钻 ϕ12 mm 孔
G98 X30.0;	钻 ϕ12 mm 孔
G80 G28 G91 G00 X0 Y0 M05;	主轴停
G90 G49 Z100.0;	取消刀具长度补偿
M06 T04;	换 4 号刀
G43 Z5.0 H04;	建立刀具长度补偿
S600 M03;	主轴启动
G99 G81 X0 Y0 Z-23.0 R5.0 F20;	钻 ϕ30 mm 底孔
G80 G28 G91 G00 X0 Y0 M05;	主轴停
G90 G49 Z100. 0;	取消刀具长度补偿
M06 T05;	换 5 号刀
G43 Z5.0 H05;	建立刀具长度补偿
S1000 M03;	主轴启动
G99 G85 X0 Y0 Z-23.0 R5.0 F50;	镗 ϕ30 mm 孔
G80 G28 G91 G00 X0 Y0 M05;	主轴停
G90 G49 Z100.0;	取消刀具长度补偿
M06 T06;	换 4 号刀
G43 Z5.0 H06;	建立刀具长度补偿
S100 M03;	主轴启动
G99 G84 X-30.0 Y-30.0 Z-23.0 R5.0 F150;	攻螺纹
Y30.0;	攻螺纹
X30.0;	攻螺纹
Y-30.0;	攻螺纹

续表

O2411	程序说明
G49 G00 Z100.0;	取消刀具长度补偿
G91 G28 Z0;	回 *Z* 向参考点
G91 G28 Y0;	回 *Y* 向参考点
M09;	关闭切削液
M05;	主轴停止
M30;	程序结束

四、实际加工

孔系加工注意事项如下：

① 钻孔时不要调整进给修调开关和主轴转速倍率开关，以提高钻孔表面加工质量。

② 麻花钻的垂直进给量不能太大，为平面进给量的 1/4～1/3。

③ 镗孔时，用试切法来调节镗刀。

④ ϕ12 mm 和 ϕ30 mm 孔的正下方不能放置垫铁，并应控制钻头的进刀深度，以免损坏平口虎钳和刀具。

任务评价

任务四评价表如表 2-4-4 所示。

表 2-4-4　任务四评价表　　单位：mm

项　目	技术要求				配　分	得　分
程序编制（15%）	刀具、工序卡				5	
	加工程序				10	
加工操作（70%）	基本操作				25	
	图样尺寸	量　具	学生自测	教师检测		
	M6 螺纹孔	塞　规			5	
	ϕ12 的孔	光滑塞规			5	
	ϕ30 的孔	内径千分尺			5	
	中心距 60	游标卡尺+螺栓			10	
	Ra 值	粗糙度样板			5	
	规定时间内完成				8	
	安全文明生产				7	
职业能力（15%）	学习能力				5	
	表达沟通能力				5	
	团队合作				5	
总　计						

思考题与同步训练

一、思考题

1. 孔加工固定循环中，R 平面的设定有何意义？
2. 数控加工中心的参考点位于什么位置？参考点有何用途？

二、同步训练

（一）应知训练

1. 选择题

（1）孔加工循环结束后，刀具返回 R 平面的指令为（　　）。

A. G96　　B. G97　　C. G98　　D. G99

（2）在钻孔加工时，刀具由快进转为工进的高度平面称为（　　）。

A. 初始平面　　B. 抬刀平面　　C. R 平面　　D. 孔底平面

（3）在加工中心上用 $\phi 5$ mm 钻头，钻深 30 mm 的孔时，钻孔循环指令应选择（　　）。

A. G81　　B. G71　　C. G83　　D. G73

（4）G74 指令为（　　）。

A. 正转攻右旋螺纹指令　　B. 反转攻右旋螺纹指令

C. 正转攻左旋螺纹指令　　D. 反转攻左旋螺纹指令

（5）执行攻丝循环指令 G84 时，主轴（　　）加工螺纹至孔底后，主轴反转退回 R 平面。

A. 正转　　B. 反转　　C. 不转　　D. 随机转动

（6）FANUC 系统中 G80 是指（　　）。

A. 镗孔循环　　B. 攻螺纹循环

C. 反镗孔循环　　D. 取消固定循环

2. 判断题

（　　）（1）加工位置精度要求较高的孔系时，特别要注意孔的加工顺序的安排，这主要是考虑坐标轴的反向间隙。

（　　）（2）孔加工固定循环中各功能字为模态指令，编程时应先给出孔加工所需要的全部数据，随后程序段中只给出需要改变的功能字。

（　　）（3）在攻螺纹指令 G74/G84 中，进给速度为导程乘以转速。

（　　）（4）G83 指令中每次间歇进给后的退刀量 d 值，由 CNC 系统内部参数确定。

（　　）（5）固定循环中的孔底暂停指令是指刀具到达孔底后主轴暂时停止转动。

（　　）（6）G83 是深孔钻削循环指令。

（二）应会训练

零件如图 2-4-16 和图 2-4-17 所示，材料铝合金，使用 VDF850 立式数控加工中心加工零件，选择量具检验产品质量。

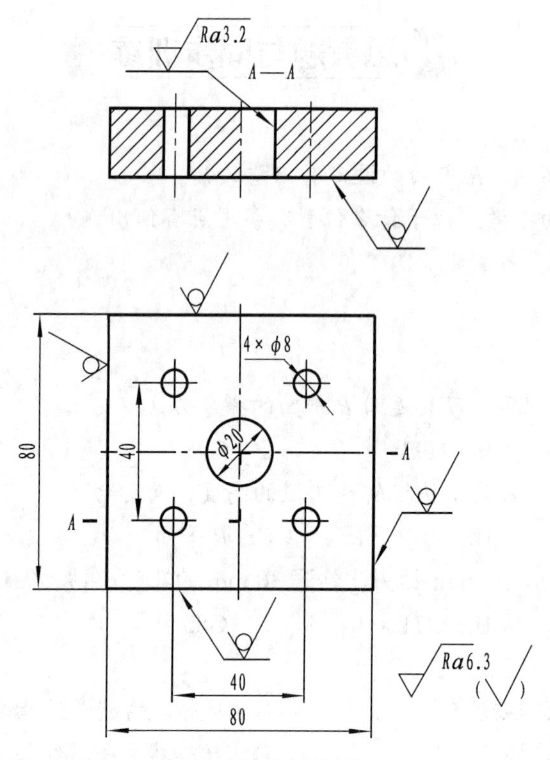

图 2-4-16　同步训练 1

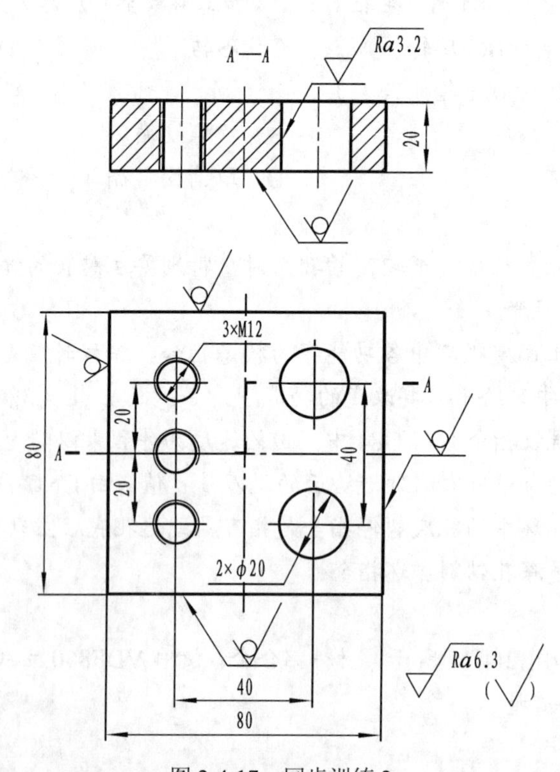

图 2-4-17　同步训练 2

任务五　数控铣削宏程序应用

任务描述

为图 2-5-1 所示零件编写加工程序，毛坯为 80 mm×80 mm×22mm 铝板，使用加工中心加工零件，选择量具检测零件加工质量。

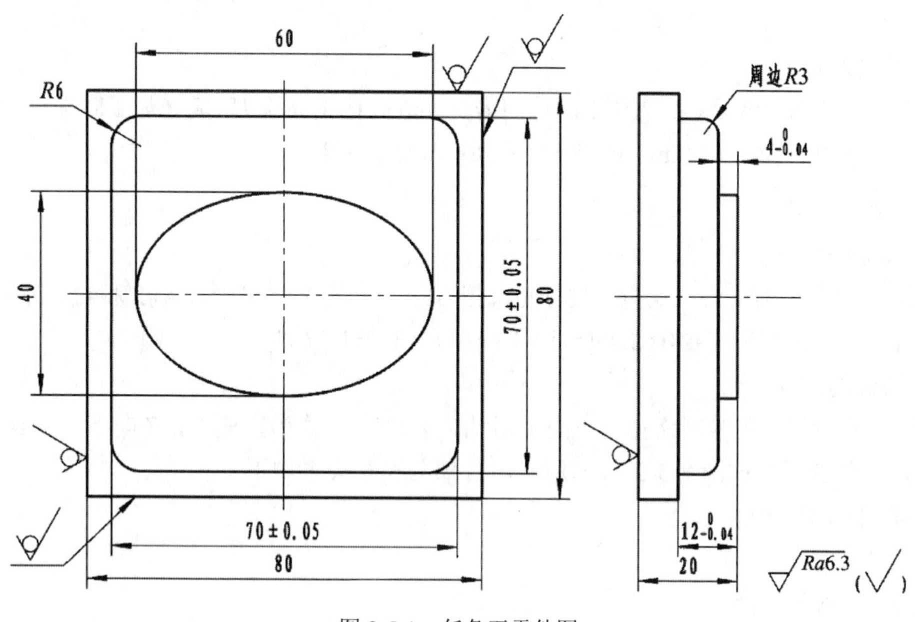

图 2-5-1　任务五零件图

任务目标

- 巩固 FANUC 系统铣削类宏程序指令格式及编程规范；
- 掌握数控铣削类宏程序编程方法；
- 使用数控加工中心加工类宏程序零件并完成零件的检测。

相关知识

一、加工工艺

1．零件图分析

该零件主要由平面、凸台、椭圆凸台组成。正面有 70 mm×70 mm 的方形凸台和 a=30 mm、b=20 mm 的椭圆凸台，其高度分别为 8 mm 和 4 mm，方形凸台的四边为 R3 mm 的圆弧。

零件材料为 LY12 硬铝合金板材，切削的加工性能较好，粗加工可以采用高速钢刀具，精加工为保证尺寸精度可采用硬质合金刀具。该零件主要加工的内容有方形凸台、椭圆凸台及方形凸台四边的圆角，由于加工形状的不同要采用分层铣削的方法，并控制每次铣削的深度。

2．装夹方法

由于零件为单面加工，底面和毛坯四边不加工，只正面加工一次装夹，装夹工具为液压虎钳，应夹紧毛坯工件底面，使工件正面高出钳口 13mm。

3．加工顺序及走刀路线

加工顺序：粗铣 70 mm×70 mm 的方形凸台→粗铣 a=30、b=20 的椭圆凸台→精铣 70 mm×70 mm 的方形凸台→精铣 a=30 mm、b=20 mm 的椭圆凸台→铣方形凸台四边的 R3 mm 的圆角。

采用环形走刀路线。

4．刀具选择

根据零件的结构特点，粗铣加工时选用 ϕ16 mm 高速钢立铣刀，精铣加工时选用 ϕ10 mm 硬质合金立铣刀，铣削 R3 mm 圆角时选用 ϕ8 mm 球铣刀。

二、编程指令

1．椭圆外形轮廓

以椭圆初始角度#1 为主变量，进行轮廓拟合加工时的 X 和 Y 坐标（#2 和#3）为从变量，根据椭圆方程知 X 坐标#2=40*COS[#1]，Y 坐标#3=30*SIN[#1]。

2．凸台的倒圆

使用立铣刀，采用等高路径自下而上粗铣。以角度#1 作为主变量，Z 向下刀量#4、法向距离#5 作为从变量，如图 2-5-2（a）所示，各部分尺寸关系如下：

#4=#2*[1-COS[#1]]

#5=#3-#2*[1-SIN[#1]]

其中：#2——圆角半径；

#3——刀具半径。

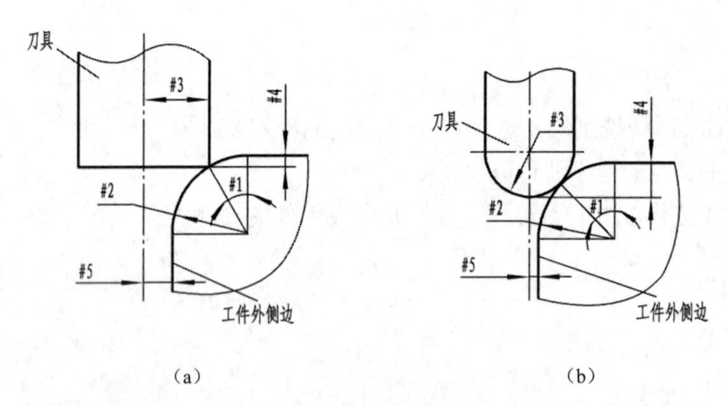

（a）　（b）

图 2-5-2　空间倒圆

使用球头铣刀，采用等高路径自上而下精铣。以角度#1 作为主变量，Z 向下刀量#4、法向距离#5 作为从变量，如图 2-5-2（b）所示，各部分尺寸关系如下：

#4=[#2+#3]*[1-COS[#1]]

#5=[#2+#3] *SIN[#1]-#2

三、检测量具

和前面任务比较，本任务可以使用深度千分尺，如图 2-5-3 所示，其使用、读数和注意事项与外径千分尺类似。

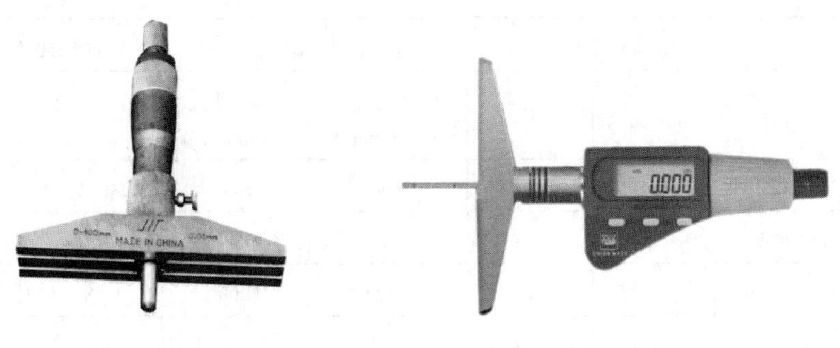

（a）普通深度千分尺　　（b）数显深度千分尺

图 2-5-3　深度千分尺

任务实施

一、图样分析

该零件为 80 mm×80 mm×20 mm 的板类零件，外形及总厚不需要加工。零件加工面有带圆角正方形凸台并在凸台外延周边有 3 mm 的倒圆角，最上方是 4 mm 高的椭圆凸台。

二、加工工艺方案制订

1．加工方案

① 采用液压虎钳，选择合适的垫铁夹紧工件并保证上方露出钳口 13 mm。

② 加工零件上方全部轮廓至实际图样尺寸要求。

2．刀具选用

零件数控加工刀具如表 2-5-1 所示。

（1）加工刀具

根据前面分析完成该零件加工所需的数控加工刀具卡片如表 2-5-1 所示。

表 2-5-1　数控加工刀具卡片　　单位：mm

零件名称		带宏程序的零件		零件图号		图 2-5-1	
序号	刀具号	刀具名称	数量	加工表面	刀具半径 R/mm	长度补偿号	备注
1	T01	ϕ16 立铣刀	1	粗铣 70×70 凸台 粗铣椭圆凸台	8	H01	
2	T02	ϕ10 立铣刀	1	精铣 70×70 凸台 精铣椭圆凸台	5	H02	硬质合金刀
3	T03	ϕ8 球头铣刀	1	R3 倒圆角	4	H03	

（2）加工工序

根据前面分析完成该零件加工所需的数控加工工序卡片如表 2-5-2 所示。

表 2-5-2　数控加工工序卡片

夹具名称		150 mm 液压虎钳	使用设备		VDF850 立式加工中心	
工步号	工步内容	刀具号	主轴转速 $n/(r \cdot min^{-1})$	进给量 $F/(mm \cdot r^{-1})$	背吃刀量 a_p/mm	备注
1	粗铣 70×70 凸台	T01	500	50	12	O0251
2	粗铣椭圆凸台	T01	500	50	4	O0252
3	精铣 70×70 凸台	T02	2500	200	8	O0253
4	精铣椭圆凸台	T02	2500	200	4	O0254
5	倒 *R*3 圆角	T03	2000	200	3	O0255

三、编制程序

零件加工程序如表 2-5-3 所示。

表 2-5-3　加工程序

O0251(粗铣 70 mm×70 mm 凸台）	
G91 G28 Z0;	Y35.0,R6.0;
M06 T01;	X35.0,R6.0;
G90 G54 G00 X0 Y-50.0;	Y-35.0,R6.0;
G43 H01 Z100.0;	X0;
M08;	G03 X-15.0 Y-50.0 R15.0;
M03 S500;	G01 G40 XO;
G00 Z3.0;	#1=#1+4.0;
G01 Z0 F100;	END1;
#1=4.0;	G00 Z100.0;
WHILE[#1LE12.0] DO1;	M05;
G01 Z-#1 F50.0;	M09;
G01 G41 X15.0 D01;	G91 G28 Z0;
G03 X0 Y-35.0 R15.0;	M30;
G01 X-35.0,R6.0;	
O0252（粗铣椭圆凸台）	
G91 G28 Z0;	G01 G40 X50.0
M06 T01 ;	#1=0;

续表

O0252（粗铣椭圆凸台）	
G90 G54 G00 X50.0 Y0;	WHILE[#1LE360] DO1;
G43 H01 Z100.0;	#2=38.1*COS[#1];
M08;	#3=28.1*SIN[#1];
M03 S500;	G01 X#2 Y#3;
G00 Z3.0;	#1=#1+1.0;
G01 Z-4.0 F100;	END1;
G01 G41 X31.0 D01 F50.0;	G00 Z100.0;
G01 Y-21.0;	M05;
X-31.0;	M09;
Y21.0;	G91 G28 Z0;
X31.0;	G91 G28 Y0;
Y0;	M30;
O0253（精铣 70×70 凸台）	
G91 G28 Z0;	G01 Z-12.0 F200;
M06 T02 ;	G01 G41 X20.0 D02;
G90 G54 G00 X0 Y-50.0;	G03 X0 Y-40.0 R15.0;
G43 H02 Z100.0;	G01 X-35.0,R6.0;
M08;	Y35.0,R6.0;
M03 S2500;	X35.0,R6.0;
G00 Z3.0;	G01 G40 X0;
G01 Z-8.0 F200;	Y-35.0,R6.0;
G01 G41 X15.0 D02;	G03 X-15.0 Y-50.0 R15.0;
G03 X0 Y-35.0 R15.0;	G01 G40 X0;
G01 X-35.0,R6.0;	M05;
Y35.0,R6.0;	M09;
X35.0,R6.0;	G91 G28 Z0;
Y-35.0,R6.0;	G91 G28 Y0;
G03 X-15.0 Y-50.0 R15.0;	M30;
O0254（精铣椭圆凸台）	
G91 G28 Z0;	#3=25*SIN[#1];
M06 T02 ;	G01 X#2 Y#3;

续表

O0254（精铣椭圆凸台）	
G90 G54 G00 X45.0 Y0;	#1=#1+1.0;
G43 H02 Z100.0;	END1;
M08;	G00 Z100.0;
M03 S2500;	M05;
G00 Z3.0;	M09;
G01 Z-4.0 F200;	G91 G28 Z0;
#1=0;	G91 G28 Y0;
WHILE[#1LE360] DO1;	M30;
#2=35*COS[#1];	
O0255（倒圆角）	
G91 G28 Z0;	G01 Z-#4 F200;
M06 T03 ;	G01 G41 Y-35.0;
G90 G54 G00 X0 Y-45.0;	G01 X-35.0,R6.0;
G43 H03 Z100.0;	Y35.0,R6.0;
M08;	X35.0,R6.0;
M03 S2000;	Y-35.0,R6.0;
G00 Z3.0;	G01 G40 Y-45.0;
G01 Z0 F100;	#1=#1+1.0;
#1=0;	END1;
#2=4.0;	G00 Z100.0;
#3=3.0;	M05;
WHILE[#1LE90.0] DO1;	G91 G28 Z0;
#4=[#2+#3]*[1-COS[#1]];	G91 G28 Y0;
#5=[#2+#3]*SIN[#1]-#2;	M30;
G10 L12 P3 R#5;	

四、实际加工

① 将液压虎钳调整到 0～100 mm 的挡位，将 80 mm×80 mm 的毛坯装夹至虎钳中间，工件露出钳口 13 mm。

② 以工件上表面为 *Z* 向对刀点，粗铣 70 mm×70 mm 深度为 12 mm 的外形轮廓，如图 2-5-4 所示。

③ 粗铣椭圆时，首先加工出一个 62 mm×42 mm 的长方形，然后再进行椭圆的粗加工。加工椭圆时采用刀心轨迹编程，单边留 0.1 mm 的精加工余量。因此才会出现 O0252 程序中 38.1 mm 和 28.1 mm 的两个尺寸。

④ 加工中注意严格按照表 2-5-2 工序卡片中的切削用量进行实际加工，加工完毕后的工件如图 2-5-5 所示。

图 2-5-4　粗铣 70 mm×70 mm 外形轮廓

图 2-5-5　加工结果

任务评价

任务五评价表如表 2-5-4 所示。

表 2-5-4　任务五评价表　　单位：mm

项　目	技术要求				配　分	得　分
程序编制（15%）	刀具、工序卡				5	
	加工程序				10	
加工操作（70%）	基本操作				10	
	图样尺寸	量　具	学生自测	教师检测		
	70±0.05	外径千分尺			10	
	$4_{-0.04}^{0}$	深度千分尺			10	
	$12_{-0.04}^{0}$	深度千分尺			10	
	$R3$	R 规			5	
	$R6$	R 规			5	
	椭圆尺寸	样板			5	
	表面粗糙度	粗糙度样板			5	
	规定时间内完成				5	
	安全文明生产				5	
职业能力（15%）	学习能力				5	
	表达沟通能力				5	
	团队合作				5	
总计						

思考题与同步训练

一、思考题

1. 粗加工图 2-5-1 所示 70 mm×70 mm 凸台，如何控制 Z 向每层切削的进给深度？

2. 宏程序条件判断语句常用的有哪几种，它们的编写格式是怎样的？

3. 利用宏程序编制倒角、圆角程序时，Z 向对刀是以球刀中心还是以球刀底刃象限点对刀？如何控制每次切削倒角的 Z 向深度？

4. 宏程序加工轮廓前如何进行粗加工？

二、同步练习

（一）应知训练

1. 选择题

（1）关于宏程序的特点描述正确的是（　　）。

A. 提高加工质量　　B. 只适合于简单工件编程

C. 可用于加工不规则形状零件　　D. 无子程序调用语句

（2）用户宏程序就是（　　）。

A. 由准备功能指令编写的子程序，主程序需要时可使用呼叫子程序的方式随时调用

B. 使用宏指令编写的程序，程序中除使用常用准备功能指令外，还使用了用户指令实现变量运算、判断、转移等功能

C. 工件加工源程序，通过数控装置运算、判断处理后，转变成工件的加工程序，由主程序随时调用

D. 一种循环程序，可以反复使用许多次

（3）#33 是（　　）。

A. 空变量　　B. 局部变量　　C. 公共变量　　D. 系统变量

（4）WHILE [#3LE#5] DO 2 的含义为（　　）。

A. 如果#3 大于#5 时循环 2 继续　　B. 如果#3 小于#5 时循环 2 继续

C. 如果#3 等于#5 时循环 2 继续　　D. 如果#3 小于或等于#5 时循环 2 继续

（5）GE 表示（　　）。

A. 小于　　B. 等于　　C. 小于等于　　D. 大于等于

（6）铣削外轮廓时，为避免切入、切出点产生刀痕，最好采用（　　）

A. 法向切入、切出　　B. 切向切入、切出

C. 斜向切入、切出　　D. 垂直切入、切出

2. 判断题

（　　）（1）G65 指令的含义是调用宏程序。

（　　）（2）FANUC 系统的主程序号都是由 O××××构成，而子程序由 P××××构成。

（　　）（3）宏程序的特点是可以使用变量，但变量之间不能进行运算。

（　　）（4）宏程序段：#101=#2 的含义是表示将变量#2 中的数值赋值给#101 的变量中。

(　　)(5) 利用 IF[ ] GOTO 语句可以实现条件转移功能。

(二) 应会训练

零件如图 2-5-6 ~ 图 2-5-8 所示，材料为铝合金，使用 VDF850 立式数控加工中心加工零件，选择量具检验产品质量。

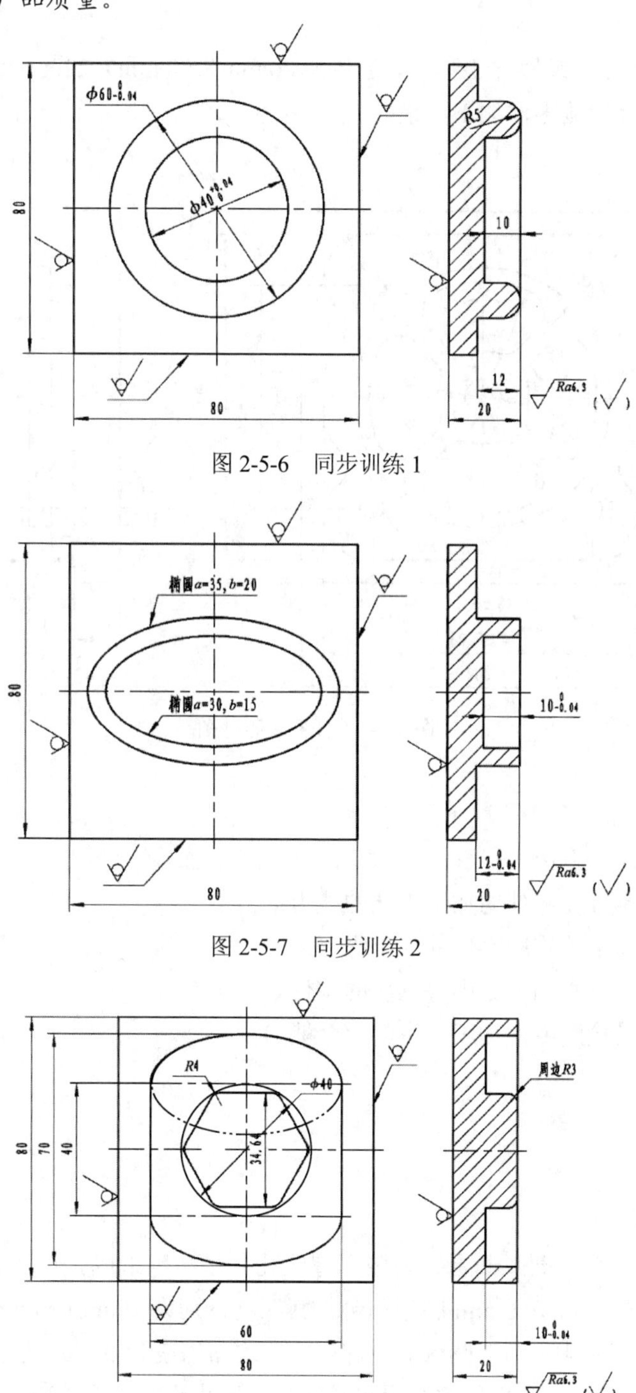

图 2-5-6　同步训练 1

图 2-5-7　同步训练 2

图 2-5-8　同步训练 3

任务六　零件综合加工

任务描述

为图 2-6-1 所示零件编写加工程序，毛坯为 80 mm×80 mm×22mm 铝板，使用加工中心加工零件，选择量具检测零件加工质量。

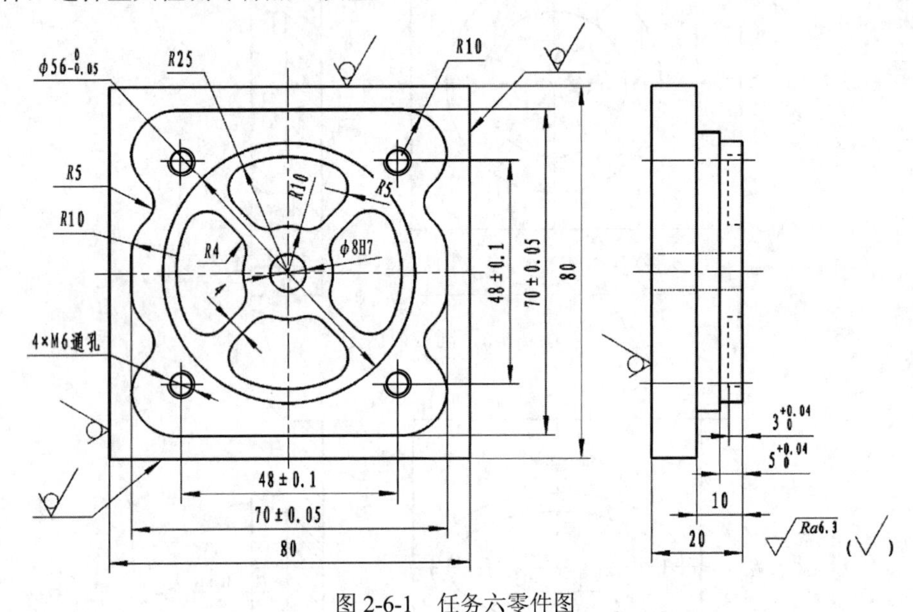

图 2-6-1　任务六零件图

任务目标

- 巩固 G68、G69 旋转坐标系编程指令；
- 具有编写中等难度零件的加工工艺的能力；
- 能够熟练编写中等难度零件的加工程序；
- 熟练使用加工中心加工出中等难度的零件；
- 具有选择量具检测零件加工质量的综合能力。

相关知识

一、加工工艺

1．零件图分析

该零件主要由平面、圆弧凸台、型腔、螺纹孔、光孔等组成。正面有 70 mm×70 mm 两侧带圆弧的方形凸台和 ϕ56 mm 圆形凸台，其深度分别为 10 mm 和 5 mm，方形凸台的边缘有四个 M6 的螺纹通孔，圆形凸台的内部有四个均布深度为 3 mm 的型腔，在中心部位有一个 ϕ8 mm 的光滑通孔。该零件的结构相对复杂，尺寸精度要求较高，还有多处转接圆角，使用的刀具较多，要求保证壁厚均匀。

零件材料为 LY12 硬铝合金板材料，切削的加工性能较好，粗加工可以采用高速钢刀具，精加工为保证尺寸精度可采用硬质合金刀具。该零件主要加工的内容有两侧带圆弧的方形凸台和圆形凸台，圆形凸台的内部有 4 个均布的型腔，由于加工形状的不同要采用分层铣削的方法，并控制每次铣削的深度。在方形凸台的边缘有 4 个 M6 的螺纹通孔，可采用钻、攻螺纹的加工方法加工，在中心部位有一个 ϕ8 mm 的光滑通孔，采用钻、铰的加工方法加工即可达到要求。

2．装夹方法

由于零件为单面加工，底面和毛坯四边不加工，正面加工只需要一次装夹，装夹工具为液压虎钳，应夹紧毛坯工件底面，使工件正面高出钳口 13 mm。

3．加工顺序及走刀路线

加工顺序：粗铣 70 mm×70 mm 两侧带圆弧的方形凸台→精铣→粗铣 ϕ56 mm 圆形凸台→精铣→粗铣 4 个均布型腔→精铣→钻 5 个定位孔→钻螺纹底孔 ϕ5 mm→攻 M6 螺纹→钻光滑孔底孔 ϕ7.8 mm→铰 ϕ8H7 孔→去毛刺。

单件生产可采用环形走刀路线。

4．刀具选择

根据零件的结构特点，粗铣外壁时选用 ϕ16 mm 高速钢立铣刀，精铣加工时选用 ϕ6 mm 硬质合金立铣刀，铣削型腔时选用 ϕ10 mm 高速钢键槽铣刀，加工 M6 螺纹孔时，选用 ϕ5 mm 中心钻、ϕ5 mm 钻头钻削底孔，使用 M6 丝锥攻螺纹，加工 ϕ8 mm 光孔时，选用 ϕ5 mm 中心钻、ϕ7.8 mm 钻头钻削底孔，使用 ϕ8 mm 铰刀铰孔。

二、编程指令

和前面任务比较，本任务需要使用 G68/ G69 坐标系旋转指令，下面从功能、指令格式、使用注意事项等方面加以介绍。

（1）功能

使编程图形按照指定的旋转中心及旋转方向将坐标系旋转一定的角度。

（2）指令格式（以 *XY* 平面为例）

```
G68 X__Y__R__;
…
G69;
```

其中：G68——坐标系旋转；

G69——取消坐标系旋转；

X、*Y*——旋转中心的坐标值，当 *X*、*Y* 省略时，G68 指令认为当前的位置即为旋转中心。

R——旋转角度，取值范围为±360°，正值表示逆时针旋转，负值表示顺时针旋转，可以用绝对值，也可以用增量值。

（3）注意事项

① G69 指令后的第一个移动指令必须用绝对值编程。

② G69 可以放在其他指令程序段中。

③ 如果坐标系旋转指令前有比例缩放指令，则坐标系旋转中心也被缩放，但旋转角度不被缩放。

三、检测量具

和前面任务比较，本任务需要使用螺纹塞规。

1．螺纹塞规的分类

螺纹塞规是测量内螺纹尺寸的工具。螺纹塞规可分为普通粗牙、细牙和管子螺纹三种。

2．螺纹塞规结构

螺纹塞规结构如图 2-6-2 所示。

图 2-6-2 螺纹塞规

3．螺纹塞规的使用方法

螺纹塞规通常两端分为通端和止端，其含义是在检测螺纹工件时，通端螺纹塞规应顺利的旋入螺纹工件，而止端螺纹塞规应旋入螺纹工件不过两扣，也就是不到两个螺距，则判为该螺纹工件合格。

4．螺纹塞规的维护保养

（1）使用完毕后，应及时清理干净测量部位附着物，存放在规定的量具盒内。

（2）生产现场在用量具应摆放在工艺定置位置，轻拿轻放，以防止磕碰而损坏测量表面。

（3）严禁将量具作为切削工具强制旋入螺纹，避免造成早期磨损。

（4）严禁非计量工作人员随意调整可调节螺纹量规，确保量具的准确性。

（5）量规长时间不用，应交计量管理部门妥善保管。

任务实施

一、图样分析

该零件加工轮廓比较复杂，直接观察零件，其中高度为 10 mm 的凸台为左右对称图形，可以采用以 Y 轴为对称轴线镜像编程的方法来编程。另外，高度为 5 mm 的凸台内部有深度为 3 mm 的 4 个腰形凹槽，此轮廓为典型旋转功能的实例，不过要注意下刀点的合理选择。零件中心有 ϕ8H7 的通孔，需要铰刀加工，4 个角点处还有 4 个 M6 的螺纹，需要使用攻螺纹指令加工。

二、加工工艺方案制订

1．加工方案

采用液压虎钳一次性装夹坯料，加工图 2-6-1 所示工件的全部轮廓。采用镜像编程的方法加工高度为 10 mm 的凸台左、右两侧。采用旋转编程的方法加工深度为 3 mm 的 4 个腰形凹槽。此零件圆弧连接较多，合理选择刀具是加工中关键要素之一。图形正中的通孔需要采用铰刀进行铰孔才能保证加工精度，4 个角点的 M6 螺纹可以采用加工中心攻螺纹功能进行加工。

2．刀具选用

（1）加工刀具

根据前面分析完成该零件加工所需的数控加工刀具卡片如表 2-6-1 所示。

表 2-6-1　数控加工刀具卡片　　单位：mm

零件名称		典型零件		零件图号			图 2-6-1
序　号	刀具号	刀具名称	数　量	加工表面	刀具半径 R/mm	长度补偿号	备　注
1	T01	ϕ16 立铣刀	1	粗铣凸台	8	H01	
2	T02	ϕ6 立铣刀	1	精铣	3	H02	硬质合金
3	T03	ϕ10 键槽铣刀	1	粗铣凹槽	5	H03	
4	T04	ϕ5 中心钻	1	钻中心孔	2.5	H04	
5	T05	ϕ5 钻头	1	钻螺纹底孔	2.5	H05	
6	T06	ϕ7.8 钻头	1	钻通孔	3.9	H06	
7	T07	ϕ8H7 铰刀	1	铰孔	4	H07	
8	T08	M6 丝锥	1	攻 M6 螺纹	3	H08	

（2）加工工序

根据前面分析完成该零件加工所需的数控加工工序卡片如表 2-6-2 所示。

表 2-6-2　数控加工工序卡片　　单位：mm

夹具名称		150 mm 油压虎钳	使用设备			VDF850 立式加工中心
工步号	工步内容	刀具号	主轴转速 $n/(\mathrm{r \cdot min^{-1}})$	进给量 $F/(\mathrm{mm \cdot r^{-1}})$	背吃刀量 a_p /mm	备　注
1	粗铣四方凸台	T01	500	100	10	O2610 O2611
2	粗铣圆形凸台	T01	500	100	5	O2620
3	精铣四方凸台	T02	3 000	200	10	O2630 O2631
4	精铣圆形凸台	T02	3 000	200	5	O2640
5	粗铣 4 个凹槽	T03	500	50	3	O2650 O2651 O2652
6	精铣 4 个凹槽	T02	3 000	200	3	O2660 O2661 O2662
7	钻 ϕ5 中心孔	T04	2 000	20	1.5	O2670
8	钻 ϕ5 通孔	T05	1 200	30	20	O2680
9	钻 ϕ7.8 通孔	T06	600	30	20	O2690
10	铰 ϕ8 通孔	T07	150	10	20	O2600
11	攻 M6 螺纹	T08	100	100	15	O2601

三、编制程序

零件加工程序如表 2-6-3 所示。

表 2-6-3　加 工 程 序

O2610(粗铣四方凸台)	
G91 G28 Z0;	G90 G54 G00 X0 Y-50.0;
M06 T01 ;	G43 H01 Z100.0;
G90 G54 G00 X0 Y-50.0;	G00 Z3.0;
G43 H01 Z100.0;	G01 Z-10.0 F100;
M03 S500;	G50.1 X0;
G00 Z3.0;	M98 P2611;
G01 Z-10.0 F100;	G00 Z100.0;
M98 P2611;	M30;
G00 Z100.0;	
O2611（四方凸台子程序）	
G90 G54 G01 X15.0 D01;	G03 X-35.0 Y20.0,R5.0;
G03 X0 Y-35.0 R15.0;	Y35.0,R10.0;
G01 X-35.0,R10.0;	X0;
Y-20.0,R5.0;	G03 X15.0 Y50.0 R15.0;
G03 X-35.0 Y-10.0 R5.0,R5.0;	G01 G40 X0;
Y10.0,R5.0;	M99;
O2620（粗铣凸圆台）	
G91 G28 Z0;	G03 X0 Y-28.0 R20.0;
M06 T01 ;	G02 J28.0;
G90 G54 G00 X0 Y-48.0;	G03 X-20.0 Y-48.0 R20.0;
G43 H01 Z100.0;	G01 G40 X0;
M03 S500;	G00 Z150.0;
G00 Z3.0;	G91 G28 Z0;
G01 Z-5.0 F100;	G91 G28 Y0;
G01 G41 X20.0 D01;	M30;
O2630（精铣四方凸台）	
G91 G28 Z0;	G90 G54 G00 X0 Y-50.0;
M06 T02 ;	G43 H02 Z100.0;

续表

O2630（精铣四方凸台）	
G90 G54 G00 X0 Y−50.0;	G00 Z3.0;
G43 H02 Z100.0;	G01 Z−10.0 F200;
M03 S3000;	G50.1 X0;
G00 Z3.0;	M98 P2631;
G1 Z−10.0 F200;	G00 Z100.0;
M98 P2631;	M30;
G00 Z100.0;	
O2631（四方凸台子程序）	
G90 G54 G01 X15.0 D02;	G03 X−35.0 Y20.0,R5.0;
G03 X0 Y−35.0 R15.0;	Y35.0,R10.0;
G01 X−35.0, R10.0;	X0;
Y−20.0,R5.0;	G03 X15.0 Y50.0 R15.0;
G03 X−35.0 Y−10.0 R5.0,R5.0;	G01 G40 X0;
Y10.0, R5.0;	M99;
O2640（精铣凸圆台）	
G91 G28 Z0;	G03 X0 Y−28.0 R20.0;
M06 T02 ;	G02 J28.0;
G90 G54 G00 X0 Y−48.0;	G03 X−20.0 Y−48.0 R20.0;
G43 H02 Z100.0;	G01 G40 X0;
M03 S3000;	G00 Z150.0;
G00 Z3.0;	G91 G28 Z0;
G01 Z−5.0 F200;	G91 G28 Y0;
G01 G41 X20.0 D02;	M30;
O2650（粗铣凹槽）	
G91 G28 Z0;	M98 P32652;
M06 T03;	G69;
G90 G54 G00 X0 Y−17.5;	G00 Z100.0;
G43 H03 Z100.0;	G91 G28 Z0;
M03 S500;	G91 G28 Y0;
G00 Z3.0;	M30;
M98 P2651;	

续表

O2651(凹槽子程序）	
G90 G54 G00 X0 Y-17.5;	G02 X-5.51 Y-8.34 R15.0,R5.0;
G01 G43 H03 Z-3.0 F20.0;	G01 X-16.0 Y-19.04 R25.0,R5.0;
G01 G41 Y-25.0 D03 F50;	G03 X0 Y-25.0 R25.0;
G03 X16.21 Y-19.04 R25.0,R5.0;	G01 G40 Y-17.5;
G01 X5.51 Y-8.34,R5.0;	M99;
O2652(凹槽子程序）	
G68 X0 Y0 G91 R-90.0;	M99;
M98 P2651;	
O2660(精铣凹槽）	
G91 G28 Z0;	M98 P32662;
M06 T02 ;	G69;
G90 G54 G00 X0 Y-17.5;	G00 Z100.0;
G43 H02 Z100.0;	G91 G28 Z0;
M03 S3000;	G91 G28 Y0;
G00 Z3.0;	M30;
M98 P2661;	
O2661(凹槽子程序）	
G90 G54 G00 X0 Y-17.5;	G02 X-5.51 Y-8.34 R15.0,R5.0;
G01 G43 H02 Z-3.0 F200;	G01 X-16.0 Y-19.04 R25.0,R5.0;
G01 G41 Y-25.0 D02 ;	G03 X0 Y-25.0 R25.0;
G03 X16.21 Y-19.04 R25.0,R5.0;	G01 G40 Y-17.5;
G01 X5.51 Y-8.34,R5.0;	M99;
O2662(凹槽子程序）	
G68 X0 Y0 G91 R-90.0;	M99;
M98 P2661;	
O2670（钻中心孔）	
G91 G28 Z0;	Y-24.0;
M06 T04 ;	X24.0;
G90 G54 G00 X0 Y0;	G80;
G43 H04 Z100.0;	G00 Z100.0;

续表

O2670（钻中心孔）	
M03 S2000;	G91 G28 Z0;
G98 G81 X0 Y0 Z-1.5 R3.0 F20;	G91 G28 Y0;
X24.0 Y24.0;	M30;
X-24.0;	
O2680（钻 ϕ5 孔）	
G91 G28 Z0;	Y-24.0;
M06 T05;	X24.0;
G90 G54 G00 X0 Y0;	G80;
G43 H05 Z100.0;	G00 Z100.0;
M03 S1200;	G91 G28 Z0;
G98 G83 X0 Y0 Z-25.0 R3.0 Q2.0 F30;	G91 G28 Y0;
X24.0 Y24.0;	M30;
X-24.0;	
O2690（钻 ϕ7.8 孔）	
G91 G28 Z0;	G80;
M06 T06;	G00 Z100.0;
G90 G54 G00 X0 Y0;	G91 G28 Z0;
G43 H06 Z100.0;	G91 G28 Y0;
M03 S600;	M30;
G98 G83 X0 Y0 Z-25.0 R3.0 Q2.0 F30;	
O2600（铰 ϕ8H7 孔）	
G91 G28 Z0;	G01 Z-22.0 F10;
M06 T07;	Z3.0;
G90 G54 G00 X0 Y0;	G00 Z100.0;
G43 H07 Z100.0;	G91 G28 Z0;
M03 S150;	G91 G28 Y0;
G00 Z3.0;	M30;
O2601(攻 M6 螺纹）	
G91 G28 Z0;	Y-24.0;
M06 T08;	X24.0;

续表

O2601(攻 M6 螺纹)	
G90 G54 G00 X0 Y0;	G80;
G43 H08 Z100.0;	G00 Z100.0;
M03 S100;	G91 G28 Z0;
G98 G84 X0 Y0 Z-18.0 R10.0 F100;	G91 G28 Y0;
X24.0 Y24.0;	M30;
X-24.0;	

四、实际加工

① 将 80 mm×80 mm×22 mm 的毛坯装夹在液压虎钳当中，伸出钳口高度不得小于 13 mm，如图 2-6-3 所示。

② 首先粗加工高度为 10 mm、左右对称凸台的左侧，加工效果如图 2-6-4 所示。

图 2-6-3 毛坯装夹

图 2-6-4 凸台左侧

③ 采用镜像编程的方法加工零件右侧对称图形，如图 2-6-5 所示。采用上述相同的步骤将左、右对称零件进行精加工，紧接着加工高度为 5 mm 的圆形凸台，如图 2-6-6 所示。

图 2-6-5 镜像加工

图 2-6-6 圆形凸台

④ 加工圆形凸台中的 4 个对称腰形凹轮廓，采用旋转方法加工出其中的 1 个，其余 3 个调用子程序旋转加工。然后加工 4 个角点的螺纹，加工中注意攻螺纹指令的正确使用。最后将零件正中间的通孔加工完毕，如图 2-6-7 所示。

图 2-6-7　加工效果

任务评价

任务六评价表如表 2-6-4 所示。

表 2-6-4　任务六评价表　　单位：mm

项　目	技术要求				配　分	得　分
程序编制（15%）	刀具、工序卡				5	
	加工程序				10	
加工操作（70%）	基本操作				10	
	图样尺寸	量　具	学生自测	教师检测		
	70±0.05	千分尺			5	
	48±0.1	游标卡尺			5	
	ϕ8H7	光滑塞规			5	
	$\phi 56_{-0.05}^{0}$	千分尺			5	
	M6 螺纹	螺纹塞规			5	
	$3_{0}^{+0.04}$	深度千分尺			5	
	$5_{0}^{+0.04}$	深度千分尺			5	
	10	深度游标卡尺			5	
	R10	R 规			4	
	R5	R 规			4	
	表面粗糙度	粗糙度样板			2	
	规定时间内完成				5	
	安全文明生产				5	
职业能力（15%）	学习能力				5	
	表达沟通能力				5	
	团队合作				5	
总　计						

思考题与同步训练

一、思考题

1. 复杂轮廓编程时，如何选择去除粗加工残料的加工路线？
2. 旋转加工为什么用两个子程序？
3. 旋转加工中如何控制旋转的角度？
4. 简述加工中心攻螺纹过程中机床的动作步骤。

二、同步训练

（一）应知训练

1. 选择题

（1）利用丝锥攻制 M10×1.5 的螺纹时，宜选用直径为（　　）mm的钻头加工螺纹的底孔。

A. 9　　B. 8　　C. 8.5　　D. 7.5

（2）铰孔时对孔的（　　）的纠正能力较差。

A. 表面粗糙度　　B. 尺寸精度　　C. 形状精度　　D. 位置精度

（3）用平面铣刀铣削平面时，若平面铣刀直径小于工件宽度，则每次铣削的最大宽度取（　　）为最佳。

A. 不超过刀具直径的 50%　　B. 不超过刀具直径的 75%

C. 不超过刀具直径的 90%　　D. 等于刀具直径

（4）在铣削一个凹槽的拐角时，很容易产生过切。为避免这种现象的产生，通常采用的措施是更换直径大的铣刀(　　)。

A. 降低进给速度　　B. 提高主轴转速

C. 提高进给速度　　D. 提高刀具的刚性

（5）薄壁零件立铣精加工时（最后一刀），为减小侧壁变形，侧壁加工时切削用量采用（　　）。

A. 小的轴向切深 a_p 和大径向切宽 a_e　　B. 大的轴向切深 a_p 和大径向切宽 a_e

C. 小的轴向切深 a_p 和小径向切宽 a_e　　D. 大的轴向切深 ap 和小径向切宽 a_e

（6）FANUC 系统中，程序段 G68 X0 Y0 R45.0 中，R 指令是（　　）。

A. 半径值　　B. 顺时针旋转 45°　　C. 逆时针旋转 45°　　D. 循环参数

2. 判断题

（　　）（1）型腔加工时，采用行切法加工效率最高，但型腔的加工质量最差。

（　　）（2）用面铣刀加工平面时，约按铣刀直径的 80%编排实际切削宽度，加工效果好。

（　　）（3）在 *XY* 平面内工件坐标系旋转某一角度，可通过程序段“G17 G68 Z_ X_ R_;”来实现。

（　　）（4）执行程序段 G98 G82 X0 Y5 Z-5 RO P300 F100 后，刀具将返回到 *R* 平面。

（　　）（5）执行程序段 M98 P2001 时，程序应跳转到编号为 2001 的子程序中。

（　　）（6）若在 *XY* 平面逆向铣削 *R*20 mm 的整圆，程序段为 G91 G03 XO YO R2O F100。

（二）应会训练

零件如图 2-6-8～图 2-6-10 所示，材料为铝合金，使用 VDF850 立式数控加工中心加工零件，选择量具检验产品质量。

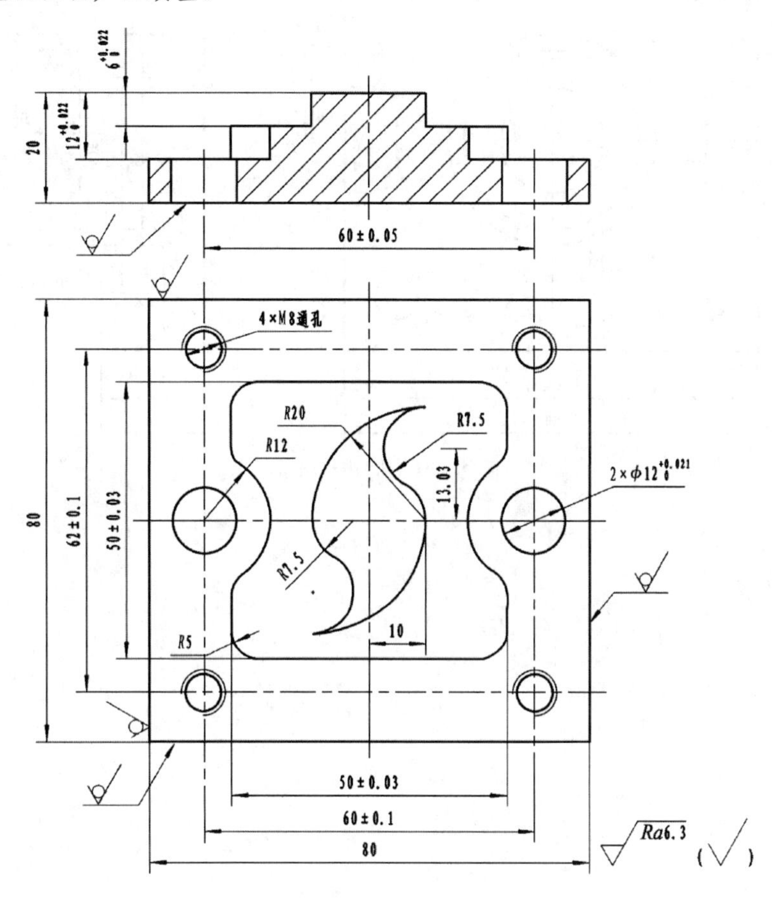

图 2-6-8　同步训练 1

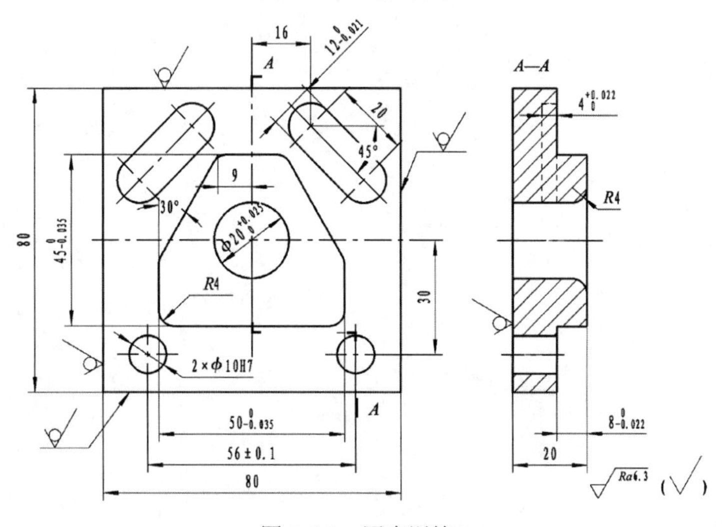

图 2-6-9　同步训练 2

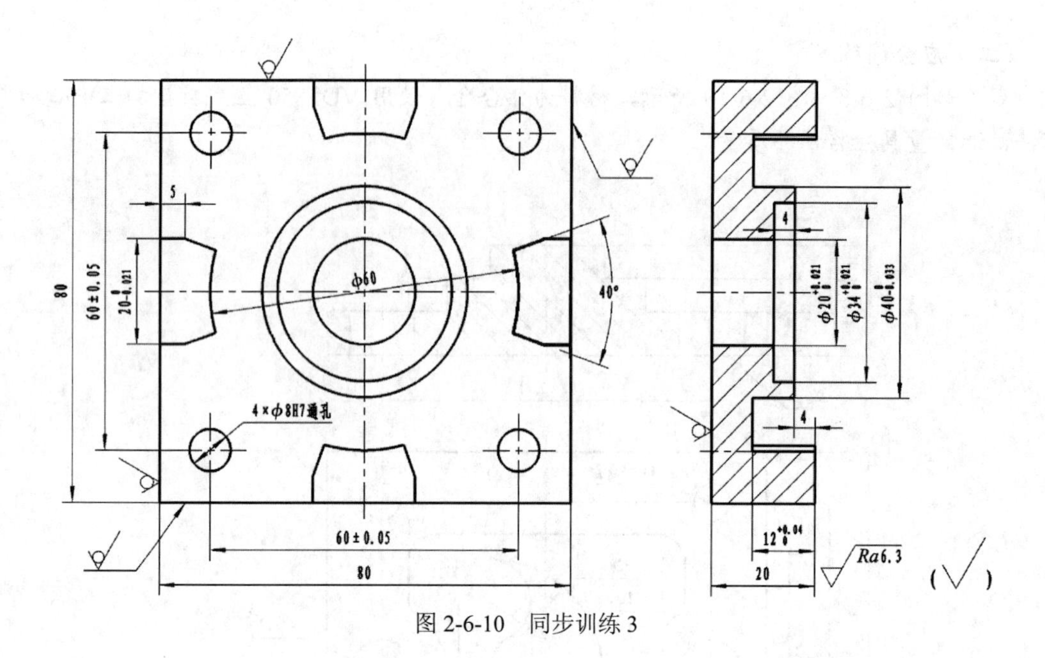

80
60±0.05
$20^{0}_{-0.021}$
5
ϕ60
40°
4×ϕ8H7通孔
60±0.05
80
4
$ϕ20^{+0.021}_{0}$
$ϕ34^{+0.021}_{0}$
$ϕ40^{0}_{-0.033}$
4
$12^{+0.04}_{0}$
20
Ra6.3

图 2-6-10　同步训练 3

附录 模拟考场

附录 A　数控车床中级工模拟考场

数控车床中级工操作技能考核试卷（应知部分）样卷

姓名：____________　单位：________　准考证号：_______　总分：_____

一、单项选择题（每题 1 分，满分 80 分）

1．职业道德是（　　）。

A．社会主义道德体系的重要组成部分　　B．保障从业者利益的前提

C．劳动合同订立的基础　　D．劳动者的日常行为规则

2．文明礼貌是从业人员的基本素质，因为它是（　　）的基础。

A．提高员工文化　　B．塑造企业形象

C．提高员工素质　　D．提高产品质量

3．违反安全操作规程的是（　　）。

A．严格遵守生产纪律　　B．遵守安全操作规程

C．执行国家劳动保护政策　　D．使用不熟悉的机床和工具

4．安全色中的黄色表示（　　）。

A．禁止，停止　　B．注意，警告　　C．指令，必须遵守　　D．通行，安全

5．产品可靠性随着工作时间的增加而（　　）。

A．逐渐增加　　B．保持不变　　C．逐渐降低　　D．先降低后提高

6．机械图样中常用的图线线型有粗实线、（　　）、虚线、细点画线等。

A．轮廓线　　B．边框线　　C．细实线　　D．轨迹线

7．机械制图国家标准规定，标注角度尺寸时，角度数字应（　　）注写。

A．水平　　B．垂直　　C．倾斜　　D．平行于尺寸线

8．在齿轮投影为圆的视图上，分度圆采用（　　）绘制。

A．细实线　　B．细点画线　　C．粗实线　　D．细虚线

9．公差带大小是由（　　）决定的。

A．公差值　　B．基本尺寸　　C．公差带符号　　D．被测要素特征

10．机械制造中常用的优先配合的基准孔是（　　）。

A．H7　　B．H2　　C．D2　　D．D7

11．平行度公差属于（　　）。

A．定向公差　B．形状公差　C．定位公差　D．跳动公差

12．最小极限尺寸减去基本尺寸所得的代数差，称为（　　）。

A．上偏差　B．下偏差　C．公差　D．实际偏差

13．HT200 铸铁属于（　　）铸铁。

A．白口铸铁　B．灰口铸铁　C．可锻铸铁　D．球墨铸铁

14．常见硬质合金的牌号有(　　)。

A．W6Mo5Cr4V2　B．T12　C．YG3　D．5

15．（　　）属于高速钢。

A．GCr6　B．9SiCr　C．W18Cr4V　D．5CrMnMo

16．传动比大而且准确是（　　）。

A．带传动　B．链传动　C．齿轮传动　D．蜗杆传动

17．渐厚蜗杆齿的两侧面（　　）不同。

A．端面　B．齿厚　C．螺距　D．导程

18．相邻两牙在（　　）线上对应两点之间的轴向距离称为螺距。

A．大径　B．中径　C．小径　D．中心

19．能保持瞬时传动比恒定，传递运动准确，效率高的机械传动为（　　）传动。

A．带　B．链　C．螺旋　D．齿轮

20．在液压传动系统中用（　　）来改变液体流动方向。

A．溢流阀　B．节流阀　C．换向阀　D．调压阀

21．形成积屑瘤的必要条件有切削温度、加工硬化和（　　）。

A．粘结　B．摩擦　C．振动　D．塑性

22．（　　）不属于刀具的主要角度。

A．前角　B．后角　C．主偏角　D．副前角

23．前面与基面之间的夹角称为（　　）。

A．前角　B．后角　C．主偏角　D．副偏角

24．车刀的副偏角对工件的（　　）有较大影响。

A．尺寸精度　B．形状精度　C．表面粗糙度　D．没有影响

25．一般情况下，短而复杂且偏心距不大或精度要求不高的偏心工件可用（　　）装夹。

A．三爪自定心卡盘　B．两顶尖　C．双重卡盘　D．四爪单动卡盘

26．切断时的背吃刀量等于（　　）。

A．直径的一半　B．刀头宽度　C．刀头长度　D．槽宽

27．粗加工时，为了提高生产效率，选用切削用量时，应首先选择较大的（　　）。

A．进给量　B．切削厚度　C．切削速度　D．背吃刀量

28．刀具磨损过程中，（　　）阶段磨损比较慢、稳定。

A．初级磨损　B．正常磨损　C．急剧磨损　D．三者均不是

29．刀具的（　　）要符合要求，以保证良好的切削性能。

A．几何特性　B．几何角度　C．几何参数　D．尺寸

30．夹紧力的（　　）应与支撑点相对，并尽量作用在工件刚性较好的部位，减少工件变形。

A．大小　　B．切点　　C．作用点　　D．方向

31．安装零件时，应尽可能使定位基准与（　　）基准重合。

A．测量　　B．设计　　C．装配　　D．工艺

32．工件定位时，下列哪一种定位是不允许存在的（　　）。

A．完全定位　　B．欠定位　　C．不完全定位　　D．过定位

33．数控车床加工钢件时希望的切屑是（　　）。

A．带状切屑　　B．挤裂切屑　　C．单元切屑　　D．崩碎切屑

34．由于定位基准和设计基准不重合而产生的加工误差，称为（　　）。

A．基准误差　　B．基准位移误差

C．基准不重合误差　　D．基准偏差

35．机床上的卡盘、中心架等属于（　　）夹具。

A．通用　　B．专用　　C．组合　　D．以上三项均可

36．车削工件的端面时，刀尖高度应（　　）工件中心。

A．高于　　B．低于　　C．等高于　　D．前三种方式都可以

37．车削加工应尽可能用工件的（　　）为定位基准。

A．已加工表面　　B．过渡表面　　C．不加工表面　　D．待加工表面

38．两顶尖支承工件车削外圆时，刀尖移动轨迹与工件回转轴线间产生（　　）误差，影响工件素线的直线度。

A．直线度　　B．平行度　　C．等高度　　D．以上全是

39．相对坐标又称（　　）。

A．绝对坐标　　B．增量坐标　　C．直径坐标　　D．半径坐标

40．数控车床 Z 轴的负方向指向（　　）。

A．操作者　　B．主轴轴线　　C．床头箱　　D．尾架

41．根据 ISO 标准，取消刀尖圆弧半径补偿，可使用（　　）指令。

A．G42　　B．G41　　C．G40　　D．G43

42．自动加工过程中要检查工件的尺寸，应在编程中设定（　　）。

A．T0102　　B．M00　　C．G00　　D．M02

43．主轴转速指令 S 后面的数字单位是（　　）。

A．r/s　　B．mm/min　　C．r/min　　D．mm/s

44．FANUC 系统中（　　）用于程序全部结束，切断机床所有动作。

A．M00　　B．M03　　C．M01　　D．M02

45．下列 FANUC 程序号中表达错误的程序号是（　　）。

A．O66　　B．O666　　C．O6666　　D．O66666

46．数控系统中，（　　）组字段（地址）在加工过程中是模态的。

A．G01　F__　　B．G76　　C．G04　　D．M02

47．G71 指令是外径粗加工循环指令，主要用于（　　）毛坯的粗加工。

A．棒料　　B．锻造　　C．铸造　　D．固定形状

48．G00 的移动速度值是由(　　)。

A．机床参数指定　　B．数控程序指定

C．操作面板指定　　D．操作者确定

49．G02 及 G03 方向的判别方法：对于 X、Z 平面，从 Y 轴（　　）方向看，顺时针方向为 G02，逆时针方向为 G03。

A．负　　B．侧　　C．正　　D．前

50．数控车床编程中判断圆弧的顺逆时，圆弧所在平面的垂直轴为（　　）轴。

A．X　　B．Y　　C．Z　　D．I

51．G04 P1000；代表停留（　　）秒。

A．1 000　　B．100　　C．10　　D．1

52．使用子程序的目的和作用是（　　）。

A．简化编程　　B．加工省时　　C．加工精度高　　D．通用性强

53．车床上，刀尖圆弧只有在加工（　　）时才产生加工误差。

A．端面　　B．圆柱　　C．圆弧　　D．槽

54．具有刀尖圆弧半径补偿功能的数控系统，可以利用刀尖圆弧半径补偿功能简化编程计算，刀尖圆弧半径补偿分为建立、执行和取消 3 个步骤，但只有在（　　）指令下，才能实现刀尖圆弧半径补偿的建立和取消。

A．G00 或 G01　　B．G41　　C．G42　　D．G40

55．数控车床中的 G41 / G42 是对（　　）进行补偿。

A．刀具的几何长度　　B．刀具的刀尖圆弧半径

C．刀具的半径　　D．刀具的角度

56.（　　）是螺纹切削多次循环指令。

A．G71　　B．G72　　C．G73　　D．G76

57．子程序结束的代码是（　　）。

A．M02　　B．M99　　C．M19　　D．M30

58．采用固定循环编程，可以（　　）。

A．加快切削速度，提高加工质量

B．缩短程序的长度，减少程序所占内存

C．减少换刀次数，提高切削速度

D．减少吃刀深度，保证加工质量。

59．外圆粗车复合切削循环可用（　　）指令。

A．G90　　B．G91　　C．G92　　D．G71

60．数控机床进给系统采用齿轮传动副时，应该有消隙措施，其消除的是（　　）。

A．齿轮轴向间隙　　B．齿顶间隙

C．齿侧间隙　　D．齿根间隙

61．闭环控制的伺服系统，可采用（　　）作为检测元件。

A．增量式编码器　B．绝对式编码器　C．圆磁栅　D．磁尺

62．CIMS 表示（　　）。

A．柔性制造单元　B．柔性制造系统

C．计算机集成制造系统　D．计算机辅助工艺规程设计

63．（　　）是指机床上一个固定不变的极限点。

A．机床原点　B．工件原点　C．换刀点　D．对刀点

64．半闭环系统的反馈装置一般装在（　　）。

A．导轨上　B．伺服电动机上　C．工作台上　D．刀架上

65．采用经济型数控系统的机床不具有的特点是（　　）。

A．采用步进电动机伺服系统　B．CPU 可采用单片机

C．只配必要的数控功能　D．必须采用闭环控制系统

66．滚珠丝杠的基本导程减小，可以（　　）。

A．提高精度　B．提高承载能力

C．提高传动效率　D．加大螺旋升角

67．数控机床位置检测装置中（　　）属于旋转型检测装置。

A．光栅尺　B．磁栅尺

C．感应同步器　D．脉冲编码器

68．莫尔条纹的形成主要是利用光的（　　）现象。

A．透射　B．干涉　C．反射　D．衍射

69．每个脉冲信号使机床移动部件产生的位移量称为（　　）。

A．脉冲当量　B．脉冲　C．位移量　D．步距

70．最常用的插补方法为(　　)。

A．逐点比较法　B．数字积分法　C．单步追踪法　D．其他

71．数控机床面板上 AUTO 是指（　　）。

A．快进　B．点动　C．自动　D．暂停

72．下列开关中，用于机床空运行的按钮是（　　）。

A．SINGLE BLOCK　B．MC LOCK

C．OPT STOP　D．DRY RUN

73．车削加工中心与普通数控车床区别在于（　　）。

A．有刀库与主轴进给伺服　B．有刀库与对刀测量装置

C．有多个伺服刀架　D．加工速度高

74．数控车床与普通车床的进给机构最大的不同点是数控车床采用了（　　）。

A．数控装置　B．滚动导轨　C．滚珠丝杠　D．刀库

75．数控车床操作面板上的“PRGRM”键的作用是（　　）。

A．位置显示　B．诊断　C．程序　D．报警

76．数控机床处于编辑状态时，可以对程序进行（　　）。

A．修改　　B．删除　　C．输入　　D．以上均可

77．取游标卡尺本尺的 19mm，在游尺上分为 20 等分时，则该游标卡尺的最小读数为（　　）。

A．0.01　　B．0.02　　C．0.05　　D．0.10mm

78．外径千分尺的测量精度一般能达到(　　)。

A．0.02mm　　B．0.05mm　　C．0.0lmm　　D．0.1mm

79．用螺纹环规检测外螺纹工件时，若通规不能通过，止规也不能通过，则工件的螺纹尺寸为（　　）。

A．刚好　　B．太小　　C．太大　　D．无法判断

80．三针测量是测量外螺纹（　　）的一种比较精密的方法。

A．内径　　B．外径　　C．中径　　D．底径

二、判断题（每题 0.5 分，满分 20 分）

（　　）1．职业道德首先应从爱岗敬业，忠于职守的职业行为规范开始。

（　　）2．具有高度的责任心要做到工作勤奋努力，精益求精，尽职尽责。

（　　）3．在工作过程中，工具、量具可以随意放在操作者好拿的地方。

（　　）4．质量控制是消除偶发性问题，使产品质量保持规定水平的方法。

（　　）5．广泛应用的三视图为主视图、俯视图、左视图。

（　　）6．一个完整尺寸包含的四要素为尺寸界线、尺寸数字、尺寸公差和箭头。

（　　）7．垂直度、圆度公差同属于形状公差。

（　　）8．平行度的符号是 //，垂直度的符号是 ⊥，圆度的符号是 ○。

（　　）9．轴直径尺寸为 $\phi80_{-0.049}^{-0.030}$ mm，与其配合的孔的直径尺寸为 $\phi80_{0}^{+0.030}$ mm，两者之间配合是过渡配合。

（　　）10．基准制的选择依据是优先选用基孔制。

（　　）11．金属在动载荷作用下，抵抗塑性变形或断裂的能力称为强度。

（　　）12．正火的目的是改善组织，消除组织缺陷，细化晶粒，提高机械性能。

（　　）13．金属材料的工艺性能包括铸造性能、锻造性能、焊接性能和切削加工性能等。

（　　）14．换向阀是通过改变阀芯在阀体内的相对位置来实现换向作用的。

（　　）15．刀具前角越大，刀具越锋利。

（　　）16．在满足使用要求的前提下，应尽可能选用较小的 *Ra* 值，以降低成本。

（　　）17．粗车时，选择切削用量的顺序是：切削速度、进给量、背吃刀量。

（　　）18．在数控车床上加工零件，工序可以比较集中，一次装夹应尽可能完成全部工序。

（　　）19．在金属切削过程中，加工脆性材料时不易产生积屑瘤。

（　　）20．G02 功能为逆时针圆弧插补，G03 功能为顺时针圆弧插补。

（　　）21．圆弧编程中 *I*、*K* 和 *R* 都有正负之分。

（　　）22．手工编程比计算机编程麻烦，但正确性比自动编程高。

（ ）23．“G96 S300”表示取消恒线速，机床的主轴每分钟旋转 300 转。

（ ）24．“G04 X3”表示暂停 3ms 。

（ ）25．若 *I*、*K* 和 *R* 同时在一个程序段中出现，则 *R* 有效，*I*、*K* 被忽略。

（ ）26．程序中 G41、G42 指令可以重复使用，无需 G40 解除原补偿状态。

（ ）27．G73 指令主要用于成型车削，而不能完成圆棒料到复杂件的车削。

（ ）28．FANUC 系统中，G92 指令是加工直螺纹指令，不能用于加工锥螺纹。

（ ）29．G76 指令为非模态指令，所以必须每次指定。

（ ）30．同一个程序里，可以用绝对编程也可以用增量编程。

（ ）31．分多层切削加工螺纹时，应尽可能平均分配每层切削的背吃刀量。

（ ）32．数控机床特别适用于多品种、大批量生产。

（ ）33．数控半闭环控制系统一般利用装在电动机或丝杠上的光栅获得位置反馈量。

（ ）34．数控机床按刀具轨迹分类，可以分为开环系统、闭环系统和半闭环系统。

（ ）35．光栅可分为圆光栅和长光栅，分别用于测量直线位移和转角位移。

（ ）36．逐点比较法的四个工作节拍是偏差判别、进给控制、偏差计算、终点判别。

（ ）37．通常情况下，手摇脉冲发生器顺时针转动方向为刀具进给的正方向，逆时针转动方向为刀具进给的负方向。

（ ）38．用游标卡尺可以测量粗糙的毛坯件尺寸。

（ ）39．塞规的通端(GO)直径大于止端(NO GO)直径。

（ ）40．百分表的示值范围通常有：0~3 mm，0~5 mm 和 0~10 mm 三种。

数控车床中级工操作技能考核试卷（编程部分）样卷

姓名：__________ 单位：__________ 准考证号：__________ 总分：______

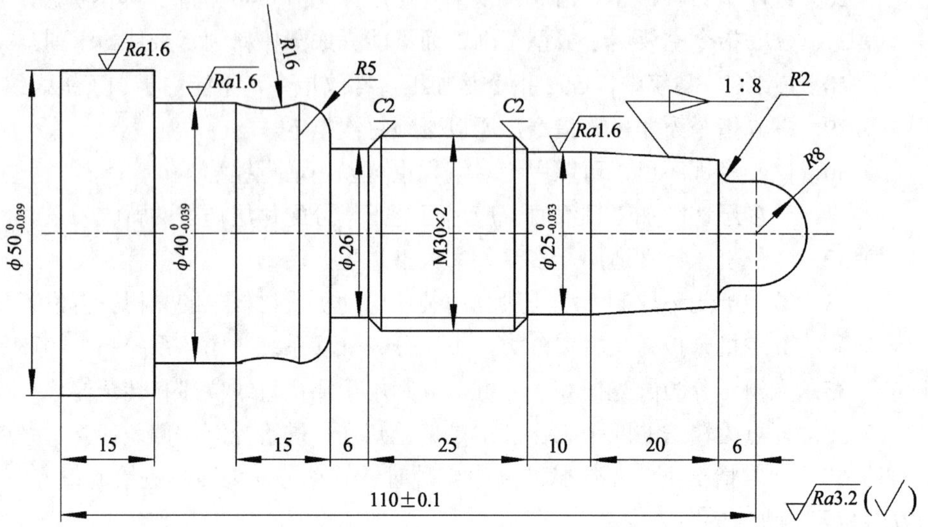

说明：工件材料铝合金，毛坯尺寸 ϕ55 mm 长棒料。

要求：1．编写加工工艺。

2．编写粗、精加工程序。

评分项目	序号	项目	评分标准	配分	得分
加工工艺	1	加工步骤	符合数控车工工艺要求	3	
	2	加工部位尺寸	计算相关部位尺寸	3	
	3	刀具选择	刀具选择合理，符合加工要求	4	
程序编制	1	程序号	无程序号无分	2	
	2	程序段号	无程序段号无分	2	
	3	切削用量	切削用量选择不合理无分	4	
	4	原点及坐标	标明程序原点及坐标，否则无分	2	
	5	程序内容	不符合程序逻辑及格式要求每段扣 2 分	20	
			程序内容与工艺不对应扣 5 分		
			出现危险指令扣 5 分		
合计	40				

数控车床中级工操作技能考核试卷（实操部分）样卷

姓名：＿＿＿＿＿＿ 单位：＿＿＿＿＿＿ 准考证号：＿＿＿＿＿＿ 总分：＿＿＿＿

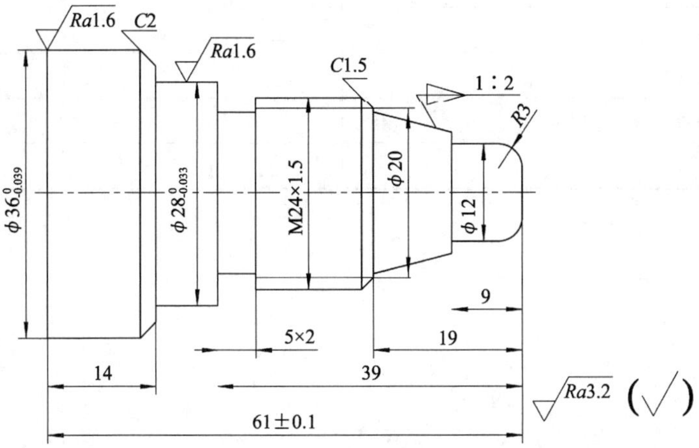

编程时间：（15 min）
开始：＿＿＿＿＿＿
结束：＿＿＿＿＿＿
模拟时间：（15 min）
开始：＿＿＿＿＿＿
结束：＿＿＿＿＿＿
加工时间：（30 min）
开始：＿＿＿＿＿＿
结束：＿＿＿＿＿＿

序号	检测项目及要求		配分	检测结果	得分
1	编制加工程序：15 分钟		10		
	程序内容与工艺不对应扣 5 分				
	格式错误扣 2 分，不标注工件坐标系扣 2 分				
	出现危险指令无分				
	每错一段扣 2 分				
2	程序输入与检索：15 min		5		
	每超一分钟扣 2 分				
	每错一段扣 2 分				
3	加工操作：30 min		10		
	工件坐标系原点设定错误无分				
	误操作无分				
	超时无分				
4	尺寸及外形检测		30		
	外圆	$\phi36_{-0.039}^{0}$ mm 超差 0.01 扣 3 分	4		
		$\phi28_{-0.033}^{0}$ mm 超差 0.01 扣 3 分	4		
		$\phi12$ mm 降级无分	1		
	螺纹	M24×1.5 超差无分	4		
	锥度	超差无分	3		
	圆弧	*R*3 超差无分	2		
	轴向长度	（61±0.1） mm	3		
		9 mm、19 mm、39 mm、14 mm	2		

续表

<table>
<tr><th>序号</th><th colspan="2">检测项目及要求</th><th>配分</th><th>检测结果</th><th>得分</th></tr>
<tr><td rowspan="4">4</td><td>退刀槽</td><td>5 mm×2 mm</td><td>2</td><td></td><td></td></tr>
<tr><td>倒角</td><td>C2 mm、C1.5 mm</td><td>1</td><td></td><td></td></tr>
<tr><td rowspan="2">表面粗糙度</td><td>Ra1.6 μm 降级无分</td><td>3</td><td></td><td></td></tr>
<tr><td>Ra3.2 μm 降级无分</td><td>1</td><td></td><td></td></tr>
<tr><td>5</td><td colspan="2">安全操作与文明生产</td><td>5</td><td></td><td></td></tr>
<tr><td colspan="2">考评员签字</td><td></td><td colspan="3">年　　月　　日</td></tr>
</table>

附录 B　数控铣削/加工中心中级工模拟考场

数控铣削/加工中心中级工操作技能考核试卷（应知部分）样卷

姓名：__________ 单位：__________ 准考证号：__________ 总分：_____

一、单项选择题（每题 1 分，满分 80 分）

1．职业道德建设与企业的竞争力的关系是（　　）。

A．互不相关　　B．源泉与动力关系

C．相辅相成关系　　D．局部与全局关系

2．不符合文明生产要求的是（　　）。

A．按规定穿戴好防护用品　　B．遵守安全技术操作规程

C．优化工作环境　　D．在工作中吸烟

3．安全色中的红色表示（　　）。

A．禁止，停止　　B．注意，警告

C．指令，必须遵守　　D．通行，安全

4．公司对最终产品的检验和实验（　　）紧急放行和例外放行。

A．允许　　B．需经公司领导批准才能办理

C．不允许　　D．根据生产任务紧急程度办理

5．根据劳动法的规定，下列费用或收入中可以作为最低工资组成部分的是（　　）。

A．用人单位依法为劳动者交纳的社会保险费用

B．加班加点工资

C．特殊工作环境、条件下的津贴

D．带薪年休假期间的工资

6．三种基本剖视图不包括（　　）。

A．主视图　　B．俯视图　　C．局部视图　　D．左视图

7．在机械图样中，双折线用以表示（　　）的边界线。

A．不可见轮廓　　B．假想轮廓　　C．对称处　　D．断裂处

8．直齿圆柱齿轮齿顶圆和齿顶线用（　　）表示。

A．粗实线　　B．细实线　　C．点画线　　D．直线

9．公差带大小是由（　　）决定的。

A．基本尺寸　　B．标准公差　　C．公差带符号　　D．被测要素特征

10．用符号“IT”表示（　　）的公差。

A．尺寸精度　　B．形状精度　　C．位置精度　　D．表面粗糙度

11．公差配合 H7/m6 是（　　）。

A．基轴制过渡配合　　B．基孔制过渡配合

C．基孔制过盈配合　　D．基孔制间隙配合

12．能在公差值前面加“ϕ”的公差项目是（　　）。

A．圆度　B．圆柱度　C．全跳动　D．同轴度

13．（　）是指材料在高温下能保持其硬度的性能。

A．红硬性　B．硬度　C．耐热性　D．耐磨性

14．HT200 是灰口铸铁的牌号，牌号中数字 200 表示其（　）不低于 200 N/mm^2。

A．屈服强度　B．抗拉强度　C．疲劳强度　D．硬度

15．回火的目的之一是（　）。

A．形成网状渗碳状　B．提高钢的密度

C．提高钢的熔点　D．减少或消除淬火应力

16．（　）特别适用于制造各种结构复杂的成形刀具，如孔的加工刀具。

A．碳素工具钢　B．合金工具钢　C．硬质合金　D．高速钢

17．同时承受径向力和轴向力的轴承是（　）。

A．向心轴承　B．推力轴承　C．角接触轴承　D．分离轴承

18．关于轮系说法不正确的是（　）。

A．轮系具有很大的传动比　B．轮系不可用作较远距离的传动

C．轮系能实现变速要求　D．轮系能实现变向要求

19．利用带上的齿与带轮上的齿槽相啮合来传递运动和动力的带传动是（　）传动。

A．圆带　B．同步带　C．平带　D．V 带

20．不产生轴向力的齿轮传动是（　）传动。

A．直齿圆柱齿轮　B．齿轮齿条

C．蜗杆蜗轮　D．直齿圆锥齿轮

21．流量控制阀用来控制执行元件的（　）。

A．运动方向　B．运动速度　C．运动平稳性　D．压力大小

22．液压泵是液压系统中的动力部分，它能将电动机输出的机械能转换为油液的（　）能。

A．压力　B．流量　C．速度　D．运动

23．液压传动系统中，压力的大小取决于（　）。

A．负载　B．油液的流量　C．油液的流速　D．泵的额定压力

24．限位开关的作用是（　）。

A．短路保护　B．过载保护　C．欠压保护　D．行程控制

25．切削时的切削热大部分由（　）传散出去。

A．刀具　B．工件　C．切屑　D．空气

26．润滑剂的作用有润滑作用、冷却作用、防锈作用、（　）等。

A．磨合作用　B．静压作用　C．稳定作用　D．密封作用

27．粗加工时，为了提高生产效率，选用切削用量时，应首先选择较大的（　）。

A．进给量　B．背吃刀量　C．切削速度　D．主轴转速

28．切削用量对刀具寿命的影响，主要是通过对切削温度的高低来实现的，所以影响刀具寿命最大的是（　）。

A．背吃刀量　B．进给量　C．切削速度　D．以上三方面

29．铣刀在一次进给中所切掉的工件表层的厚度称为（　　）。

A．铣削宽度　　B．铣削深度　　C．进给量　　D．切削量

30．麻花钻有 2 条主切削刃、2 条副切削刃和（　　）横刃。

A．2 条　　B．1 条　　C．3 条　　D．没有横刃

31．加工重要的箱体零件时为提高工件加工精度的稳定性，在粗加工后还需要安排一次（　　）。

A．自然时效　　B．人工时效　　C．调质　　D．正火

32．在铣床上安装莫氏锥柄的麻花钻时应采用（　　）。

A．直接安装在铣床主轴锥孔内　　B．通过莫氏变径套安装在铣床主轴上

C．通过铣床专用的变径套安装　　D．通过弹性套筒安装

33．球头铣刀的球半径通常（　　）加工曲面的曲率半径。

A．小于　　B．大于

C．等于　　D．A，B，C 都可以

34．加工脆性材料时产生的切屑是（　　）。

A．带状切屑　　B．节状切屑　　C．粒状切屑　　D．崩碎切屑

35．加工空间曲面、模具型腔或凸模成形表面常选用（　　）。

A．立铣刀　　B．面铣刀　　C．模具铣刀　　D．成形铣刀

36．几个定位点同时限制（　　）自由度，称为重复定位。

A．三个　　B．几个　　C．同一个　　D．全部

37．工件的六个自由度全部被限制，使它在夹具中只有（　　）正确的位置，称为完全定位。

A．两个　　B．唯一　　C．三个　　D．五个

38．精铣时，在考虑每齿进给量的同时，还需考虑（　　）。

A．每转进给量　　B．主轴转速　　C．材料硬度　　D．铣刀的选择

39．根据 ISO 标准，取消刀具半径补偿，用（　　）指令。

A．G42　　B．G41　　C．G40　　D．G43

40．绝对编程和增量编程可以在（　　）程序中使用。

A．同一　　B．不同　　C．多个　　D．主

41．数控机床坐标系采用的是（　　）。

A．左手坐标系　　B．笛卡儿直角坐标系

C．工件坐标系　　D．机床坐标系

42．下列指令中，用于控制程序走向的辅助功能 M 指令是（　　）。

A．M03　　B．M06　　C．M98　　D．M07

43．只在本程序段有效，下一程序段需要时必须重写的代码称为(　　)。

A．模态代码　　B．续效代码

C．非模态代码　　D．准备功能代码

44．用圆弧插补(G02、G03)指令进行增量编程时，R 为负值，则圆弧圆心角（　　）。

A．小于 180°　B．等于 180°　C．大于 180°　D．任意

45．现代数控系统中都有子程序功能，并且子程序（　　）嵌套。

A．只能有一层　B．可以有限层　C．可以无限层　D．不能

46．数控铣床/加工中心加工轮廓时，一般最好沿着轮廓（　　）进刀。

A．法向　B．切向　C．45°方向　D．任意方向

47．选择“ZX”平面指令是（　　）。

A．G17　B．G18　C．G19　D．G20

48．`G43 G00 Z50.0 H12` 中，H12 表示（　　）。

A．Z 轴的位置是 12　B．刀具表的地址是 12

C．长度补偿值是 12　D．半径补偿值是 12

49．整圆的直径为 ϕ40 mm，要求由 A（20，0）点逆时针圆弧插补并返回 A 点，其程序段为（　　）。

A．G91　G03　X20.0　Y0　I-20.0　J0　F100；

B．G90　G03　X20.0　Y0　I-20.0　J0　F100；

C．G91　G03　X20.0　Y0　R-20.0　F100；

D．G90　G03　X20.0　Y0　R-20.0　F100；

50．孔加工循环结束后，刀具返回 R 平面的指令为（　　）。

A．G96　B．G97　C．G98　D．G99

51．下列指令中用于镗孔的指令是（　　）。

A．G82　B．G84　C．G85　D．G73

52．执行攻螺纹循环指令 G84 时，主轴（　　）加工螺纹至孔底后，主轴反转退回 R 平面。

A．正转　B．反转　C．不转　D．随机转动

53．用于加工浅孔的固定循环指令代码是（　　）。

A．G83　B．G82　C．G81　D．G85

54．用直径为 6 mm 的钻头，钻削深度 35 mm 的孔，应选择（　　）指令。

A．G81　B．G83　C．G 74　D．G84

55．G02 及 G03 方向的判别方法：对于 X、Y 平面，从 Z 轴（　　）方向看，顺时针方向为 G02，逆时针方向为 G03。

A．负　B．侧　C．正　D．前

56．圆弧插补方向（顺时针和逆时针）的规定与（　　）有关。

A．不在圆弧插补平面内的坐标轴　B．X 轴

C．Y 轴　D．Z 轴

57．在 G41 或 G42 指令的程序段中不能有（　　）指令。

A．G00　B．G02 或 G03　C．G01　D．不能确定

58．闭环控制系统的反馈装置装在（　　）。

A．电动机轴上　B．位移传感器上

C．传动丝杠上　D．机床移动部件上

59．滚珠丝杠的基本导程减小，可以（ ）。

A．提高精度　　B．提高承载能力

C．提高传动效率　　D．加大螺旋升角

60．光栅尺是（ ）。

A．一种能准确的直接测量位移的元件

B．一种数控系统的功能模块

C．一种能够间接检测直线位移或角位移的伺服系统反馈元件

D．一种能够间接检测直线位移的伺服系统反馈元件

61．以下不属于回转式检测装置的是（ ）。

A．脉冲编码器　　B．圆光栅　　C．磁栅　　D．光电编码器

62．数控机床的进给机构采用的丝杠螺母副是（ ）。

A．滚珠丝杠螺母副　　B．梯形丝杠螺母副

C．双螺母丝杠螺母副　　D．丝杠螺母副

63．数控机床开机时，一般要进行回参考点操作，其目的是（ ）。

A．建立机床坐标系　　B．建立工件坐标系

C．建立局部坐标系　　D．建立相对坐标系

64．机床面板上用于程序中地址字插入的按键是（ ）。

A．【EOB】　　B．【INSERT】　　C．【ALTER】　　D．【DELET】

65．【OFFSET】键的功能是（ ）量设定与显示。

A．坐标　　B．加工余　　C．偏置　　D．总余

66．“空运转”只是在自动状态下检验程序运行的一种方法，不能用于（ ）的工件加工。

A．复杂　　B．精密　　C．实际　　D．图形

67．某个程序在运行过程中出现“圆弧数据错误”，这属于（ ）。

A．程序错误报警　　B．操作报警

C．驱动报警　　D．系统错误报警

68．若消除报警，则需要按（ ）键。

A．【C.A.N】　　B．【HELP】　　C．【INPUT】　　D．【RESET】

69．数控机床加工依赖于各种( )。

A．位置数据　　B．数字化信息　　C．准备功能　　D．模拟量信息

70．卧式加工中心是指主轴轴线（ ）设置的加工中心。

A．垂直　　B．水平　　C．平行　　D．无正确答案

71．数控机床编辑状态时，可以对程序进行（ ）。

A．修改　　B．删除　　C．输入　　D．以上均可

72．在“机床锁定”（FEED HOLD）方式下，进行自动运行，（ ）功能被锁定。

A．进给　　B．刀架转位　　C．主轴　　D．工件

73．位置检测装置按测量的方式分为（ ）。

A．数字式和模拟式　　B．增量式和绝对式
C．直接和间接　　D．开环与闭环

74．数控机床要求在（　　）进给运动下不爬行，有高的灵敏度。
A．停止　　B．高速　　C．低速　　D．匀速

75．机床重复定位精度高，则加工的（　　）。
A．零件尺寸精度高　　B．零件尺寸精度低
C．一批零件尺寸精度高　　D．一批零件尺寸精度低

76．在设备的维护保养制度中，（　　）是基础。
A．日常保养　　B．一级保养　　C．二级保养　　D．三级保养

77．选取量块时，应根据所需尺寸，从（　　）数字开始选取。
A．最前一位　　B．小数点前一位
C．最后一位　　D．小数点后一位

78．百分表检验工件径向跳动时，百分表在工件旋转一周时的（　　）即为工件的径向误差跳动。
A．读数差 2 倍　　B．读数差 1/2
C．读数之差　　D．读数差 3 倍

79．孔的深度检测一般用（　　）检验。
A．千分尺　　B．深度千分尺　　C．百分表　　D．量块

80．杠杆千分表与被测工件表面必须（　　）否则会产生误差。
A．平行　　B．垂直　　C．不垂直　　D．不平行

二、判断题（每题 0.5 分，满分 20 分）

（　　）1．职业道德的内容包括：职业道德意识、职业道德行为规范、职业守则等。

（　　）2．操作数控机床在工作时应穿工作服，女同志要戴工作帽，并将长发塞入帽子里，可以戴手套。

（　　）3．检验员与生产工人所用的量具要统一，因此检验员与生产工人可共用一把量具进行检验。

（　　）4．加班工资不能作为最低工资的组成部分。

（　　）5．正投影法是投射线与投影面平行。

（　　）6．双点画线主要用于极限位置的轮廓线、假想投影轮廓线。

（　　）7．画在视图外的断面图称为移出断面图，移出断面图的轮廓线用粗实线绘制。

（　　）8．在装配图上标注配合代号 ϕ18H7/p6，表示这个配合是基轴制配合。

（　　）9．某组成环减小而其他组成环不变时，使得封闭环随之减小，则此组成环为增环。

（　　）10．垂直度、圆度同属于形状公差。

（　　）11．W18Cr4V 是生产中使用较多的高速钢刀具牌号之一。

（　　）12．调质的目的是提高材料的强度和耐磨性。

（　　）13．热处理是将金属材料以一定的速度加热到预定温度并保持预定的时间，再以预定的冷却速度进行冷却的综合工艺方法。

（　　）14．与直齿圆柱齿轮传动相比较，斜齿圆柱齿轮传动更平稳，承载力更高。

（　　）15．调速阀是由定差减压阀与节流阀串联而成的组合阀。

（　　）16．液压传动系统在工作时，必须依靠油液内部的压力来传递运动。

（　　）17．标准麻花钻的横刃斜角为 50°～55°。

（　　）18．工艺基准可分为工序基准、定位基准、测量基准和装配基准四类。

（　　）19．加工过程中，欠定位是允许的。

（　　）20．如果工件的六个自由度用六个支承点与工件接触使其完全消除，则该工件在空间的位置就完全确定。

（　　）21．圆弧插补用半径编程，当圆弧所对应的圆心角大于 180° 时半径取负值。

（　　）22．G43 代表刀具长度负补偿，G44 代表刀具长度正补偿。

（　　）23．从“*A*”点到“*B*”点，分别使用“G00”及”“G01”指令编制程序，其刀具路径相同。

（　　）24．子程序一般放在主程序后面。

（　　）25．在铣削加工中，刀具半径应小于加工轮廓的最小曲率半径值。

（　　）26．数控加工中心使用 M04 指令完成换刀工作。

（　　）27．刀具功能“T”和刀偏功能“D”可以编写在一起，也可以单独编写。

（　　）28．正转攻右螺纹指令为 G84，反转攻左螺纹指令为 G74。

（　　）29．整圆编程只能使用 I、J、K 模式编程，不能使用 R 编程。

（　　）30．钻孔固定循环指令中 G98 表示刀具到达孔底后快速返回 *R* 平面。

（　　）31．G99 指令用于取消孔加工固定循环。

（　　）32．同一个程序中，可以用绝对编程也可以用增量编程。

（　　）33．自动换刀数控铣镗床的主轴准停主要是为了准确更换刀具。

（　　）34．数控半闭环控制系统一般利用装在电动机或丝杠上的光栅获得位置反馈量。

（　　）35．步进电动机在输入一个脉冲时所转过的角度称为步距角。

（　　）36．任何情况下，程序段前加“/”符号的程序段都将被跳转执行。

（　　）37．铣刀刀柄的标准锥度是 7/24。

（　　）38．平面度的测量方法有打表法、水平仪法等。

（　　）39．不能用打表法测量箱体的平行度误差。

（　　）40．深度游标卡尺用于测量零件的凹槽及孔的深度等尺寸。

数控铣削/加工中心中级操作技能考核试卷（编程部分）样卷

姓名：____________ 单位：__________ 准考证号：_________ 总分：_____

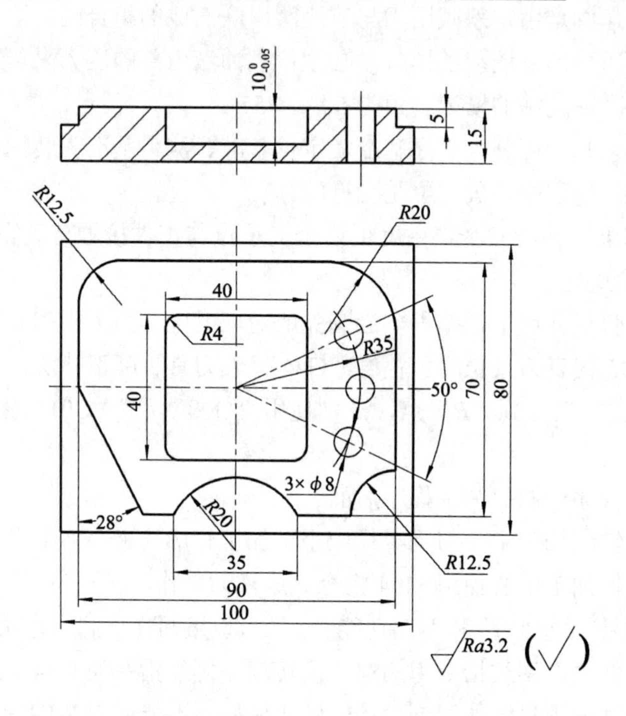

说明：工件材料铝合金，毛坯尺寸 100 mm×80 mm×17 mm。

要求：1．编写加工工艺。

2．编写粗、精加工程序。

评分项目	序号	项目	评分标准	配分	得分
加工工艺	1	加工步骤	符合数控加工中心工艺要求	3	
	2	加工部位尺寸	计算相关部位尺寸	3	
	3	刀具选择	刀具选择合理符合加工要求	4	
程序编制	1	程序号	无程序号无分	2	
	2	程序段号	无程序段号无分	2	
	3	切削用量	切削用量选择不合理无分	4	
	4	原点及坐标	标明程序原点及坐标否则无分	2	
	5	程序内容	不符合程序逻辑及格式要求每段扣 2 分	20	
			程序内容与工艺不对应扣 5 分		
			出现危险指令扣 5 分		

数控铣削/加工中心中级操作技能考核试卷（实操部分）样卷

姓名：__________　单位：__________　准考证号：__________　总分：______

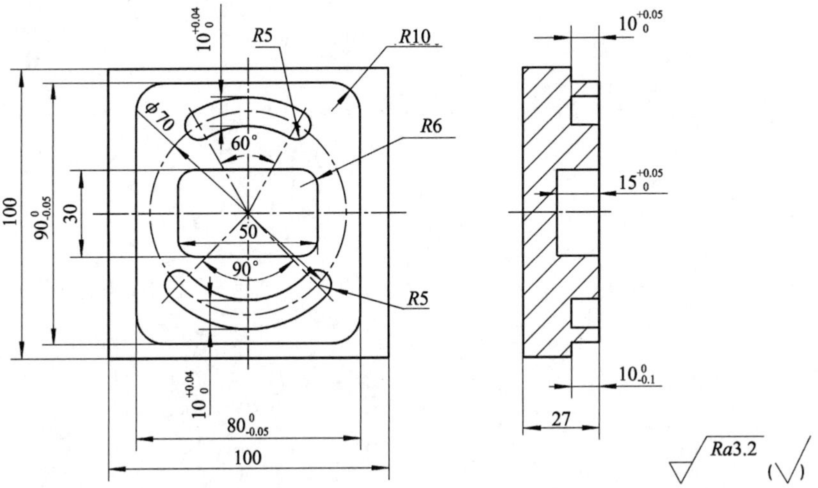

编程时间：（15 min）
开始：________
结束：________
模拟时间：（15 min）
开始：________
结束：________
加工时间：（30 min）
开始：________
结束：________

单位：mm

序号	检测项目及要求	配分	检测结果	得分
1	编制加工程序：15 min	10		
	程序内容与工艺不对应，并未用文字标注扣5分			
	格式错误扣2分、不标注工件坐标系扣2分			
	出现危险指令无分			
	每错一段扣两分			
2	工量具使用	5		
3	加工操作：30 min	10		
	工件坐标原点设定错误无分			
	误操作无分			
	超时无分			

序号	检测项目及要求		配分	检测结果	得分
4	尺寸及外形检测		30		
	轮廓	$80_{-0.05}^{0}$ 超差 0.01 扣 3 分	5		
		$90_{-0.05}^{0}$ 超差 0.01 扣 3 分	5		
		50、30 超差 0.01 扣 3 分	6		
		槽宽度 $10_{0}^{+0.04}$	3		
	深度	$10_{0}^{+0.05}$ 超差 0.01 扣 3 分	3		
		$10_{-0.1}^{0}$ 超差 0.01 扣 3 分	3		
		$15_{0}^{+0.05}$ 超差无分	2		
	粗糙度	*Ra*.3.2 μm 降级无分	3		
5	安全操作与文明生产		5		

考评员签字：　　　　　　　　年　　　月

参 考 文 献

[1] 朱明松. 数控车床编程与操作项目教程[M]. 北京：机械工业出版社，2009.
[2] 陈华. 零件数控铣削加工[M]. 北京：北京理工大学出版社，2010.
[3] 姬海瑞. 数控编程与操作技能实训教程[M]. 北京：清华大学出版社，2010.
[4] 周虹. 数控编程与实训[M].2 版. 北京：人民邮电出版社，2008.
[5] 霍苏萍. 数控加工编程与操作[M]. 北京：人民邮电出版社，2007.
[6] 沈建峰. 数控铣工加工中心操作工（高级）[M]. 北京：机械工业出版社，2007.
[7] 曹井新. 数控加工工艺编程与操作[M]. 北京：电子工业出版社，2009.
[8] 王荣兴. 加工中心培训教程[M]. 北京: 机械工业出版社，2006.
[9] 机械工业技师考评培训教材编审委员会.车工技师培训教材[M].北京：机械工业出版社，2005.
[10] 沈建峰. 数控铣工加工中心操作工（高级）[M]. 北京：机械工业出版社，2007.
[11] 王军.典型零件的数控加工工艺[M].北京：机械工业出版社，2012.
[12] 周虹.数控编程及仿真实训[M].北京：人民邮电出版社，2012.
[13] 沈志熊，徐福林.金属切削原理与数控刀具[M].上海：复旦大学出版社，2012.
[14] 刘鹏.数控铣床编程 100 例[M].北京：机械工业出版社，2012.
[15] 刘立，丁辉.数控编程[M].2 版.北京：北京理工大学出版社，2012.
[16] 吕宜忠.数控编程[M].北京：北京理工大学出版社，2013.
[17] 尹明.数控编程及加工实践[M].北京：清华大学出版社，2013.